ANATOMIE COMPARÉE

DU

SYSTÈME NERVEUX.

L'ANATOMIE COMPARÉE DU SYSTÈME NERVEUX est complète en deux volumes in 8°, accompagnés d'un atlas de 32 planches in-folio dessinées d'après nature et gravées.

Prix de l'ouvrage COMPLET : Figures noires. . . . . 48 francs.
— — Figures coloriées . . . . 96 —

On peut se procurer séparément le TOME II, comprenant l'anatomie du cerveau de l'homme et des singes, des recherches nouvelles sur le développement du crâne et du cerveau, et une analyse comparée des fonctions de l'intelligence humaine, par P. GRATIOLET. 1857, in-8° de 692 pages et atlas in-folio de 16 planches. Figures noires. . . . 24 francs.
Figures coloriées . . 48 —

Paris.—Imp. P.-A BOURDIER, ET Cie, 30, rue Mazarine

ANATOMIE COMPARÉE

DU

SYSTÈME NERVEUX

CONSIDÉRÉ

DANS SES RAPPORTS AVEC L'INTELLIGENCE

PAR

FR. LEURET ET **P. GRATIOLET**

ATLAS

de 32 planches dessinées d'après nature et gravées

PARIS

J.-B. BAILLIÈRE ET FILS

LIBRAIRES DE L'ACADÉMIE IMPÉRIALE DE MÉDECINE

Rue Hautefeuille, 19

LONDRES — HIPP. BAILLIÈRE, 219, REGENT STREET | NEW-YORK — HIPP. BAILLIÈRE, 290, BROADWAY

MADRID, C. BAILLY-BAILLIÈRE, CALLE DEL PRINCIPE, 11

1839-1857

ANATOMIE COMPARÉE

DU

SYSTÈME NERVEUX.

EXPLICATION DES PLANCHES.[1]

PLANCHE PREMIÈRE.

SYSTÈME NERVEUX DES ANIMAUX INVERTÉBRÉS.

ASTÉRIE (d'après M. Tiedemann). Il n'est pas démontré que l'astérie ait un système nerveux. M. Tiedemann a donné comme tel un anneau placé à l'orifice oral de ce rayonné, mais plusieurs anatomistes estiment que c'est seulement un anneau formé de fibres tendineuses.

1 serait le ganglion.

2 le cordon de communication entre chaque ganglion.

3 le nerf émanant du ganglion.

COLIMAÇON. Le système nerveux de cet animal se compose d'un anneau ganglionaire entourant l'œsophage et de nerfs qui partent exclusivement des ganglions.

1. Ganglion céphalique double, réuni par une commissure médiane; il est placé au-dessus de l'œsophage.

2. Double cordon de communication entourant l'œsophage.

3. Ganglion viscéral; derrière lui, et par conséquent invisible sur la planche, se trouve le ganglion pédieux. Ces deux derniers ganglions sont placés au-dessous de l'œsophage.

Les nerfs partant du ganglion céphalique vont à l'orifice oral, aux tentacules, et, à droite, il y a pour les organes de la génération, un nerf que l'on ne retrouve pas à gauche.

Les nerfs du ganglion viscéral vont, pour la plupart, aux organes de la nutrition; les cinq petits filets que l'on voit derrière le ganglion viscéral et qui se dirigent à gauche, vont au pied; ce sont les plus gros et les seuls visibles à l'œil nu, de ceux qui naissent du ganglion pédieux.

NAUTILE (d'après M. Richard Owen). Anneau nerveux plus considérable que chez le colimaçon et présentant les trois renflemens ganglionaires 1, 3 et 4.

1. Ganglion céphalique.

2. Ganglion du nerf optique, placé en dehors de l'anneau.

(1) Les planches de cet Atlas, la première exceptée, représentent les objets de grandeur naturelle; elles sont dues à l'un de nos peintres les plus habiles, M. A. Chazal, qui les a dessinées, presque toutes, sur des pièces fraîches. Pour la composition de la première planche, j'ai emprunté, à différens auteurs, la figure du système nerveux de plusieurs invertébrés qui avaient fait la matière spéciale de leurs recherches. Chacune des figures de cette planche n'a pas ses dimensions naturelles, quelques-unes sont rapetissées, d'autres sont grossies par la loupe, ou par le microscope.

3. Ganglion sub-œsophagien antérieur.
4. Ganglion sub-œsophagien postérieur.
5. Nerfs des tentacules digitales.
6. Nerfs des tentacules labiales externes.
7. Nerfs de communication entre les ganglions labiaux (8) et les ganglions sub-œsophagiens antérieurs (3).
8. Ganglion labial interne.
9. Nerfs des tentacules labiales internes.
10. Nerfs olfactifs.
11. Nerfs infundibulaires.
12. Origine des nerfs lingual et maxillaire.
13. Nerfs des muscles de la coquille.
14. Nerf viscéral.
15. Nerfs des branchies.
16. Ganglions et branches nerveuses viscérales.
17. Nerfs qui se ramifient sur les parois de la veine cave.

Poulpe (d'après Cuvier). Les ganglions de l'anneau œsophagien sont beaucoup plus considérables que chez les deux mollusques précédens. Cuvier divise même le ganglion céphalique en cerveau et en cervelet, mais cette distinction n'est pas suffisamment motivée (*V.* t. 1, p. 35).

1. Cerveau.
2. Cervelet.
3. Ganglion en patte d'oie.
4. Collier œsophagien.
5. Ganglion optique, situé dans l'orbite.
6. Nerfs destinés aux muscles de la bouche, des lèvres, et à quelques-uns des muscles des pieds.
7. Nerf qui va se rendre à un petit ganglion situé près de la bouche.
8. Faisceau qui unit le cerveau au ganglion en patte d'oie.
9. Faisceau plus large que le précédent et qui, en s'unissant à son analogue, forme le collier (4).
10. Nerfs des pieds.
11. Nerf optique venant de la portion du ganglion céphalique que Cuvier appelle cervelet.
12. Nerf qui va former le ganglion étoilé.
13. Grand nerf des viscères.
14. Nerf acoustique.

Lombric de terre, un peu grossi.

1. Ganglions céphaliques ou œsophagiens.
2. Cordon formant le collier ou anneau œsophagien.
3. Nerf double.
4. Nerf unique.

Sangsue. Fig. 1. Chaîne ganglionaire.

1. Ganglion.
2. Cordon inter-ganglionaire.
3. Nerf.

Fig. 2. Un ganglion de la sangsue, légèrement aplati entre deux lames de verre et vu au microscope.

1. Ganglion formé de fibres longitudinales, de fibres transversales et d'une substance granulée.
2. Cordon inter-ganglionaire formé de deux faisceaux qui se réunissent au centre du ganglion.
3. Nerfs ayant une de leurs origines dans les fibres longitudinales et une autre dans les fibres transverses.

Anatife (d'après Cuvier et M. Martin Saint-Ange).

1. Ganglion.
2. Cordon de communication.
3. Nerfs.
4. Ganglion supplémentaire.

Talitre (d'après MM. Audouin et Milne Edwards).

1. Ganglion céphalique.
2. Cordon.
3. Nerf.

Maïa (d'après les mêmes auteurs).

1. Ganglion céphalique.
2. Nerf optique.

3. Nerf oculo-moteur.
4. Nerf de l'antenne interne.
5. Nerf récurrent tégumentaire.
6. Nerf de l'antenne externe.
7. Cordon embrassant l'œsophage.
8. Masse ganglionaire thoracique.
9. Nerfs de l'estomac.
10. Nerfs supérieurs thoraciques.
11. Nerfs des pattes.
12. Cordon nerveux de l'abdomen.

CHENILLE DU PAPILLON DU CHOU. (Cette figure, ainsi que les deux suivantes, sont faites d'après Hérold V. l'atlas du *Traité d'anatomie comparée* de M. Carus, pl. VII, fig. 25 et 26.)

1. Ganglion céphalique.
2. Cordon inter-ganglionaire.
3. Ganglion et nerfs.

CHRYSALIDE DU MÊME PAPILLON.

1. Ganglion.
2. Cordon.
3. Nerf.

PAPILLON.

1. Ganglion.
2. Cordon.
3. Nerf.

On voit la chaîne ganglionaire se raccourcir de la chenille au papillon, les ganglions se rapprocher progressivement les uns des autres et se confondre plusieurs ensemble.

HANNETON (d'après M. Straus-Durckeim).

1. Ganglion céphalique.
2. Nerf des antennes.
3. Nerf optique.
4. Anneau œsophagien.
5. Première paire de ganglions sous-œsophagiens.
6. Cordon de la chaîne ganglionaire.
7. Seconde paire de ganglions.
8, 9 et 10. Troisième, quatrième et cinquième paire de ganglions.

NÈPE CENDRÉE (d'après M. Léon Dufour).

1. Ganglion céphalique.
2. Ganglion et nerf optiques.
3. Ganglion prothoracique.
4. Ganglion métathoracique.

PENTATOME GRIS (d'après le même auteur).

1. Ganglion céphalique.
2. Ganglion et nerf optique principal.
3. Rétine et nerf optique des ocelles.
4 et 5. Ganglions thoraciques.

BOURDON (d'après Tréviranus).

1. Ganglion céphalique.
2. Nerf optique.
3. Ganglions thoraciques.
4. Ganglions abdominaux.

ABEILLE DOMESTIQUE (d'après Ratzeburg).

1. Ganglion céphalique.
2. Ganglion optique.
3. Ganglion thoracique.
4. Ganglions abdominaux.

ARAIGNÉE (d'après Tréviranus).

1. Ganglion céphalique.
2. Ganglion thoracique.
3. Ganglion abdominal.

PLANCHE DEUXIÈME.

SYSTÈME NERVEUX CÉRÉBRO-SPINAL DES POISSONS, DES REPTILES ET DES OISEAUX.

MORUE. Encéphale de ce poisson, vu par sa face supérieure.

te. Tubercule ethmoïdal, ou cérébral.

to. Tubercule optique.

c. Cervelet.

ROUGET.

Les lettres te, to, c, expriment les mêmes parties que chez la morue.

tt. Tubercules du nerf trifacial.

tv. Tubercules du nerf branchial ou nerf vague.

ANGUILLE.

te. Tubercule ethmoïdal.

tc. Tubercule cérébral.

to. Tubercule optique.

c. Cervelet.

SQUALE-RENARD.

Les lettres te, tc, etc., comme chez les précédens.

e. Nerfs ethmoidaux.

o. Nerf optique.

p. Nerf pathétique.

m. Nerf moteur commun des yeux.

a. Nerf abducteur.

t. Nerf trifacial.

f. Nerf facial.

l. Nerf labyrinthique.

v. Nerf vague ou branchial.

GRENOUILLE.

Mêmes lettres désignant les mêmes objets que chez l'anguille.

BUSE.

tc. Tubercule cérébral.

gp. Glande pinéale.

to. Tubercule optique.

c. Cervelet.

PLANCHE TROISIÈME.

ENCÉPHALE DES MAMMIFÈRES DONT LES LOBES CÉRÉBRAUX SONT DÉPOURVUS DE CIRCONVOLUTIONS.

CASTOR. Le cerveau est lisse; au lieu de circonvolutions, il existe seulement sur chaque lobe, (fig. 1) une dépression dirigée d'avant en arrière, et une dépression latérale (fig. 2) qui est comme un rudiment de la scissure de Sylvius: la première est parallèle à la longueur du cerveau, la seconde est perpendiculaire.

Les parties latérales du cervelet, celles qui correspondent au n. 2 du paca et du lapin, sont comparativement plus larges, chez le castor, que chez tous les autres rongeurs, et même que chez la plupart des autres animaux; la partie moyenne ou ver supérieur, n. 1, est, au contraire, un peu déprimée; quant au lobule n. 3, comme il n'en restait pas de trace sur deux cerveaux de castor, les seuls que j'aie pu examiner, ils manquent dans les figures 1 et 2.

AGOUTI. Sur le cerveau de cet animal on voit des dépressions plus marquées que chez le castor; les lobes ont peu de largeur en avant. Des trois lobes du cervelet, le lobe moyen ou ver supérieur, est un peu plus volumineux que les autres.

PORC-ÉPIC. La forme du cerveau du porc-épic est très remarquable; elle est presque quadrilatère et représente, mais d'une manière exagérée, la forme du cerveau du castor. Les dépressions que l'on voit sur ses lobes (fig. 1re) ne sont pas symétriques. La fig. 2 représente la base du cerveau du même animal.

e. Nerf ethmoïdal.

o. Nerf optique.

p. Nerf pathétique. (Le nerf moteur commun des yeux avait été enlevé, sur le cerveau du porc-épic que j'ai fait dessiner, et, comme il ne restait pas même de trace de son implantation, je n'ai pu l'indiquer; il en est de même du nerf abducteur.

t. Nerf trifacial.

f. Nerf facial.

l. Nerf labyrinthique ou nerf auditif.

g. Nerf glosso-pharyngien.

v. Nerf vague ou nerf de la huitième paire.

h. Nerfs hypoglosses. (Il ne restait pas de trace du nerf spinal.)

pc. Pédoncule cérébral.

pv. Pont de Varole.

bt. Bande transversale située au-dessous du pont de Varole.

pa. Pyramide antérieure.

PACA. La forme générale du cerveau du paca diffère de celle des cerveaux précédens; elle présente un élargissement latéral plus considérable que chez aucun autre animal. A la surface de chaque lobe, se voient des dépressions dont les postérieures seulement ont une certaine régularité. Le cervelet, comme chez tous les animaux, est divisé en trois parties.

1. Lobe médian ou ver supérieur.
2. Lobe latéral, ici peu volumineux, plus grand chez le castor, très grand chez le phoque, le marsouin le singe, et l'homme.
3. Petit lobe, éminence lobulaire, flocons.

LAPIN. Fig. 1re Face supérieure de l'encéphale. Lobes cérébraux plus allongés que chez le paca se portant assez loin en arrière sur le cervelet élargi latéralement, dépassés de beaucoup, en avant, par les lobes ethmoïdaux.

Cervelet.— 1. Lobe médian, le plus considérable de tous.

2. Lobe latéral, celui qui correspond à la partie la plus volumineuse du cervelet de l'homme, et qui est ici seulement en seconde ligne.

3. Flocons. Ces flocons ont été assez rarement vus dans toute leur longueur, parce qu'ils sont logés dans de petites cellules osseuses, et qu'ils en sortent difficilement quand on extrait le cerveau de la cavité crânienne.

Fig. 2. Même encéphale vu par sa base. Tous les nerfs encéphaliques sont ici représentés.

e. Nerf ethmoïdal ou olfactif.
o. Nerf optique.
m. Nerf moteur commun des yeux.
p. Nerf pathétique.
t. Nerf trifacial.
a. Nerf abducteur.
f. Nerf facial.
l. Nerf labyrinthique ou auditif.
g. Nerf glosso-pharyngien.
v. Nerf vague ou pneumo-gastrique.
h. Nerf hypoglosse.
s. Nerf spinal.
I. Partie inférieure de la circonvolution interne ou lobe d'hippocampe, dont les phrénologistes ont fait l'organe de l'alimentivité.
c. m. Corps mamillaire.
p. c. Pédoncule cérébral.
p. v. Pont de Varole.
b. t. Bande transverse.
p. a. Pyramide antérieure.
c. r. Corps restiforme.

Les mêmes lettres servant à désigner les mêmes objets dans toutes les figures, je ne reproduirai plus l'explication que j'en donne ici.

Rat d'eau femelle. (Fig. 1re) Cerveau sans circonvolution, ayant, quant à la forme, de l'analogie avec le cerveau du castor.

Fig. 2. Base du cerveau, analogue à celle du lapin.

Écureuil. Cerveau dépourvu de toute dépression, et quant à la forme, se rapprochant plus du cerveau de l'agouti que de tout autre.

Hérisson. Légères dépressions sur le cerveau qui est ici représenté, mais qui n'existent pas toujours aussi marquées.

Taupe. Lobes cérébraux pyriformes, se rapprochant de ceux du paca.

Chauve-souris. Cervelet volumineux, lobes cérébraux intermédiaires entre ceux des oiseaux et des mammifères.

PLANCHE QUATRIÈME.

ENCÉPHALE DE LA FAMILLE DES RENARDS.

La famille des renards comprend le renard, le loup et le chien. J'ai choisi pour type le premier de ces animaux, parce que c'est lui qui présente, avec le plus de simplicité et de netteté, le caractère propre aux circonvolutions cérébrales de cette famille.

RENARD. Fig. 1re. Face supérieure de l'encéphale. Tout-à-fait en avant, deux lobules blanchâtres; ce sont les lobules olfactifs. Ensuite vient le cerveau, divisé en deux lobes symétriques, par un sillon médian; à droite et à gauche de ce sillon, une large circonvolution deprimée en plusieurs endroits, puis un sillon latéral parallèle au premier : les autres sillons sont recourbés. On voit sur cette face, trois circonvolutions de chaque côté : il y en a quatre à la partie externe de chaque lobe cérébral, la quatrième est située trop latéralement pour être vue sur cette figure.

En arrière du cerveau, le cervelet sur le côté droit duquel on voit une disposition particulière, comme digitée, que je n'ai trouvée qu'une seule fois. Plus en arrière, la moelle épinière côtoyée par le nerf spinal.

La ligne ponctuée S S correspond au niveau de la scissure de Sylvius; elle indique le lieu où viennent se placer des circonvolutions supplémentaires, que l'on trouve seulement sur le cerveau de l'homme, de l'éléphant et du singe.

Fig. 2. Face latérale de l'encéphale du même animal.

S. Une ligne ponctuée partant de cette lettre, descend jusqu'à un sillon oblique de haut en bas et d'arrière en avant; ce sillon n'est autre chose que la scissure de Sylvius.

P. A. Circonvolutions cérébrales au nombre de quatre; la première circonscrit la scissure de Sylvius; elle est parfaitement lisse. La seconde offre, en arrière, une dépression et, en haut, deux replis. La troisième commence à se sousdiviser en arrière, où elle est comme bifurquée. La quatrième s'élargit à sa partie antérieure, où elle a des dépressions qui se voient sur la fig. 1re.

Ces quatre circonvolutions s'étendent en décrivant une courbe, de la partie antérieure du cerveau à sa partie postérieure : la ligne ponctuée S qui les coupe en travers, pour se diviser en (A) antérieures et en (P) postérieures, indique, comme dans la Fig. 1, la place des circonvolutions supplémentaires.

O. Circonvolution orbitaire. Je l'appelle ainsi parce qu'elle est placée au-dessus de l'orbite : elle est divisée en deux par un petit sillon.

I. Circonvolution interne. On ne voit ici qu'une très petite partie de cette circonvolution; c'est celle que l'on a nommée lobe d'hippocampe, et dont les phrénologistes ont fait leur organe de l'alimentivité : le reste de cette circonvolution se voit dans la fig. 3, au-dessus du corps calleux.

1. Partie moyenne du cervelet; ver supérieur.
2. Partie latérale.
3. Flocons ou partie latérale externe.

Les lettres *e*, *o*, *p*, etc., désignent les nerfs, comme dans la planche III.

Fig. 3. Encéphale du renard, coupé d'avant en arrière sur la ligne médiane.

A. Circonvolution antérieure.

O. partie interne de la circonvolution orbitaire.

P. Circonvolution postérieure.

I. Circonvolution interne. C'est celle qui se continue avec le lobe d'hippocampe.

c. c. Corps calleux.

c. o. Couche optique.

c. a. Commissure antérieure.

o. Nerf optique.

i n. Infundibulum.

c. m. Corps mamillaire.

m. Nerf moteur commun des yeux.

a. s. Aqueduc de Sylvius.

p. v. Pont de Varole.

4me v. Quatrième ventricule au-dessus duquel se voit le cervelet coupé par la partie moyenne.

g. p. Glande pinéale, dont la racine s'étend sur la couche optique.

t. q. Tubercules quadrijumeaux qui se continuent en avant par une lamelle jusqu'à la glande pinéale, et en arrière également par une lamelle appelée valvule de Veussens, jusqu'au centre du cervelet : ici l'on voit seulement la section de cette lamelle.

p. p. Pyramides postérieures de la moelle allongée, circonscrivant la partie inférieure du quatrième ventricule.

Loup. Ce cerveau est celui d'un gros loup mâle : tous les objets désignés fig. 2 du renard, y sont comme répétés et grossis. La circonvolution qui borde la scissure de Sylvius, est très légèrement ondulée ; celle qui vient au-dessus a ses deux plis et sa légère dépression en arrière, à-peu-près comme le renard ; une dépression correspondante à la première s'est formée en avant. La troisième circonvolution a plusieurs dépressions et, en arrière, une véritable bifurcation. La quatrième est, en avant, plus profondément sillonnée que chez le renard. La circonvolution orbitaire est double. La ressemblance qui existe entre ces deux cerveaux, autorise à dire que celui du loup est un gros cerveau de renard.

Chien de berger, mâle. Fig. 1re. J'ai choisi le cerveau du chien de berger, parce qu'il est plus semblable au cerveau du renard et du loup que celui des autres chiens. On y retrouve les mêmes objets que chez le loup et le renard, cependant les circonvolutions cérébrales sont peu régulières dans leurs contours, elles ont de légères ondulations qui n'existent pas chez le renard. La seconde circonvolution est plus volumineuse que la première (j'appelle ici la première, celle dont la courbure forme la scissure de Sylvius) et dans le lieu où son volume est le plus considérable, se trouve une dépression. La troisième circonvolution est sous-divisée en arrière, comme celle du loup. Quant à la quatrième, elle est plus flexueuse en avant, que chez le loup et le renard.

Les chiens qui vivent familièrement avec l'homme, ont les circonvolutions généralement plus ondulées, moins rapprochées du type primitif, que le chien de berger.

Fig. 2. Encéphale du même chien vu par sa base.

Les nerfs comme précédemment.

O. Circonvolution orbitaire.

I. Circonvolution interne.

c. m. Corps mamillaire.

p. c. Pédoncule cérébral.

p. v. Pont de Varole.

b. t. Bande transversale, supplémentaire du pont de Varole.

p. a. Pyramide antérieure.

e. o. Rudiment d'éminence olivaire.

c. r. Corps restiforme.

PLANCHE CINQUIÈME.

ENCÉPHALE DE LA FAMILLE DES CHATS.

Cette famille comprend tous les animaux que Cuvier y a placés, tels que le lion, le tigre, le jaguar, etc., et de plus, les hyènes.

CHAT. Fig. 1. Encéphale de chat, vu par sa face supérieure. En avant, une saillie ponctuée, c'est le lobe olfactif; puis le cerveau divisé en deux parties symétriques par un sillon médian; puis le cervelet dont les parties latérales sont un peu plus larges que dans la famille des renards, et enfin la moelle allongée avec les racines postérieures des deux premières paires cervicales et une portion du nerf spinal. La lettre S indique le lieu correspondant à la scissure de Sylvius et aux circonvolutions supplémentaires dont on voit comme un rudiment dans la figure suivante, au point marqué +.

Fig. 2. Encéphale du même animal, vu par son côté externe.

S. Scissure de Sylvius extrêmement petite.

A. P. Quatre circonvolutions divisées en antérieures et en postérieures par la ligne ponctuée S.

\+ Point de jonction entre la première et la seconde circonvolution.

Dans toute la famille des chats, ce point de jonction existe, on le voit très marqué sur la même planche, chez le lion et la panthère. Un autre caractère du cerveau des chats, c'est l'angle que forme, en arrière et en haut, la seconde circonvolution. Le sillon qui sépare la seconde et la troisième circonvolution, n'est jamais interrompu ; mais celui qui sépare la troisième de la quatrième, l'est ordinairement. Cette interruption est très marquée à droite, fig. 1, et moins à gauche; elle est indiquée chez la panthère: sur le cerveau du lion, elle n'existe pas du côté droit, tandis qu'elle est complète du côté gauche.

O. Circonvolution orbitaire.

Au-dessous de la scissure de Sylvius se voit la saillie de la circonvolution interne.

Les autres objets sont désignés comme sur les planches précédentes.

Fig. 3. Encéphale du chat coupé d'avant en arrière, et les différentes parties que présente cette section, désignées par les mêmes lettres que pour la fig. 3 du renard (pl. IV).

Pour bien distinguer les quatre circonvolutions formant toute la partie externe et supérieure de chaque lobe cérébral, et suivre l'analogie qui existe entre le cerveau du chat et celui du renard, il faut considérer attentivement la disposition que présente la première et la seconde circonvolution (fig. 2). Entre l'une et l'autre, le sillon n'est pas complet, comme chez le renard : il y a une espèce de circonvolution supplémentaire + qui lie l'une à l'autre les deux circonvolutions dont il s'agit. Supprimez par la pensée ce point de jonction, cette espèce de circonvolution supplémentaire, et vous aurez un lobe cérébral qui semblera presque calqué sur celui du renard, et qui aura, comme ce dernier, quatre circonvolutions isolées.

Toutefois, je dois faire remarquer qu'il y a en arrière du lobe cérébral droit du chat, un point de jonction entre la troisième et la quatrième circonvolution, point de jonction qui n'existe pas, mais qui est seulement indiqué sur le lobe gauche du même animal, et que l'on trouve très marqué sur le lobe correspondant du lion (fig. 1). Ces deux faits dont le premier seul est constant, indiquent la tendance qu'ont à se réunir la première avec la seconde circonvolution, la troisième avec la quatrième. Dans la famille des moutons, ce n'est plus une simple tendance, c'est une conformation générale et invariable : les quatre circonvolutions existent, mais elles y sont disposées en deux groupes, l'un formé par la première et la seconde circonvolution, l'autre par la troisième et la quatrième. Ainsi le cerveau de la famille des chats constitue une transition naturelle entre celui de la famille des renards et celui de la famille des moutons.

PANTHÈRE. Le cerveau de cet animal est semblable à celui du chat : les circonvolutions cérébrales présentent des lignes peu flexueuses, et le point de jonction + entre la première et la seconde circonvolution est très large. Cependant, comparé au volume de l'encéphale, il est moindre que chez le chat.

LION. L'ensemble de l'encéphale du lion, comparé à celui du chat, rappelle celui du chien de berger comparé à celui du renard. Dans le chat comme dans le renard, pas d'ondulations, mais des lignes régulières, et sur les circonvolutions, aucune ou presque aucune dépression. Dans le chien de berger et dans le lion, des ondulations et des dépressions nombreuses. J'ai vu plusieurs encéphales de lion, j'ai vu aussi la figure de l'encéphale du même animal publié par M. Tiedemann, et j'ai constamment retrouvé les caractères que j'indique ici. M. Serres (pl. XIV, fig. 264 et 265 de son atlas) a donné un prétendu encéphale de lion, dont les lignes régulières et parfaitement symétriques, ne peuvent appartenir qu'à un chat et qui ressemble si exactement à l'encéphale du chat publié par M. Tiedemann, que si ce n'était la bonne foi scientifique bien connue de M. Serres, on croirait qu'il n'a fait que reproduire une figure extraite de l'ouvrage de l'anatomiste de Heidelberg, en donnant à cette figure d'encéphale de chat, le nom d'encéphale de lion.

PLANCHE SIXIEME.

ENCÉPHALE DE LA FAMILLE DES OURS ET DES MARTES.

Dans cette famille, le cervelet est généralement large, moins que chez l'homme, le singe, le phoque, le marsouin; mais plus que chez les renards et les chats : le cerveau a des circonvolutions ondulées, et au nombre de trois seulement, sur la face latérale externe, au lieu de quatre qui existent chez les renards et les chats.

Ours brun. La circonvolution qui borde la scissure du Sylvius est lisse, régulière, un peu plus mince en avant qu'en arrière; la seconde, placée en haut, s'élargit en avant, et à l'endroit de son plus grand élargissement, elle présente une dépression. Dans la troisième on reconnaît deux circonvolutions, la troisième et la quatrième des renards et des chats, mais les communications de l'une à l'autre sont tellement nombreuses, que ces deux circonvolutions se confondent réellement.

Le lobe cérébral de l'ours présente à sa surface extérieure, des circonvolutions divisées en deux groupes, qui ont l'un et l'autre des caractères différens. Le premier groupe, formé par la première et la seconde circonvolution, a son analogue dans la famille des renards; ce sont des circonvolutions lisses ou presque lisses et n'ayant entre elles aucun point de jonction, si ce n'est à leurs extrémités. Toutefois je dois faire remarquer que la seconde circonvolution s'élargit en avant et qu'elle offre des dépressions qui deviennent beaucoup plus manifestes chez la loutre, ce qui n'a pas lieu chez le renard. Quant au second groupe résultant de la réunion de la troisième et de la quatrième circonvolution, et placé à la partie supérieure du cerveau, de nombreuses ondulations le différencient essentiellement des circonvolutions des renards et des chats, et le rapprochent de celles du mouton : c'est donc encore un cerveau de transition; il se place naturellement entre les renards et les moutons, c'est-à-dire entre une famille d'animaux carnassiers, et une famille d'animaux herbivores.

Furet. Trois circonvolutions. La troisième présente seule de légères dépressions, vers la pointe antérieure du cerveau.

Fouine. Trois circonvolutions. En avant, la circonvolution médiane s'écarte de la circonvolution correspondante, pour s'en rapprocher aussitôt et former par sa jonction avec le sillon qui sépare les lobes cérébraux, un enfoncement crucial très marqué. Cet enfoncement existe peu développé chez le renard, mais il est très évident chez le chat et le lion; on le voit aussi chez le furet, chez le coati, et l'on en trouve des traces chez tous les animaux dont le cerveau est pourvu de circonvolutions.

Coati brun. La partie antérieure de la circonvolution (fig. 2) qui borde la scissure de Sylvius, est plus amincie encore que chez l'ours; pour la découvrir, il faut écarter la portion correspondante de la seconde circonvolution qui la recouvre. La fig. 1 représente l'encéphale du même animal, vu par sa face supérieure.

LOUTRE. L'encéphale de la loutre est aplati et ses circonvolutions cérébrales sont beaucoup plus ondulées et plus divisées que toutes celles des cerveaux que nous avons vus jusqu'ici.

Fig. 1re face supérieure.

Fig. 2. Face inférieure: les mêmes lettres expriment les mêmes objets que pour les figures des planches précédentes.

Fig. 3. La scissure de Sylvius est très oblique; elle l'est plus que chez les animaux précédemment étudiés, et au moins autant que chez l'homme. En arrière, les trois circonvolutions sont simples; en avant, elles sont très compliquées et diffèrent beaucoup entre elles. La première est mince et allongée presque autant que chez le coati. La seconde est large, épaisse, sillonnée par des enfoncemens: elle présente d'une manière exagérée la disposition dont la circonvolution correspondante de l'ours offre un rudiment; la troisième est multiple, et, à trois millimètres en avant de la ligne ponctuée S, venant de la scissure de Sylvius, elle a un point de communication avec la seconde circonvolution: c'est presque le seul fait de ce genre que je connaisse, car j'ai vu généralement chez les autres animaux, les circonvolutions 2 et 3 distinctes l'une de l'autre dans toute leur étendue. Le cerveau des renards, des chats, celui de l'ours, du coati, de la fouine, du furet, n'offrent rien de semblable.

Quant à la circonvolution interne et à la double circonvolution orbitaire, elles sont les mêmes chez les ours et les martes que chez les animaux de la famille des renards, et ceux de la famille des chats. (*V.* pl. IV, renard, fig. 3; et pl. V, chat, fig. 3.)

PLANCHE SEPTIÈME.

ENCÉPHALE DE LA FAMILLE DES MOUTONS (*comprenant les ruminans et les solipèdes*).

Fig. 1re. Encéphale du mouton, vu par sa face supérieure. En avant, se trouvent deux éminences arrondies, ponctuées : ce sont les éminences olfactives. Puis vient le cerveau ayant des circonvolutions très ondulées, et qui se rapprochent, quant à la disposition générale, de la circonvolution que l'on voit à la face supérieure du cerveau de l'ours brun.

S. La ligne ponctuée qui coupe transversalement le cerveau en deux parties inégales, indique la hauteur à laquelle se trouve la scissure de Sylvius, et la séparation des circonvolutions cérébrales en antérieures et en postérieures. La ligne S se trouve placée au point de jonction des unes et des autres.

Les deux côtés du cerveau sont presque symétriques. De chaque côté de la ligne médiane, en arrière, se trouve une petite circonvolution, incisée suivant sa longueur et formant, par sa réunion avec celle du côté opposé, un V dont la pointe est tournée en avant.

En dehors de cette circonvolution, sont deux circonvolutions ondulées qui marchent obliquement en avant et en dedans jusqu'à la ligne S où elles se réunissent l'une à l'autre, pour se diviser ensuite en deux parties, l'une, interne qui, par son adossement avec la circonvolution semblable du côté opposé, forme une apparence de cœur, tout-à-fait semblable à celle qui se trouvait dans l'endroit correspondant d'un cerveau humain que les phrénologistes ont modelé, et sur laquelle ils ont placé l'étiquette *vénération, amour de Dieu;* l'autre externe, plus flexueuse que la première, se portant à l'angle externe et antérieur du cerveau où elle répète ce que, chez l'homme, les phrénologistes ont appelé *organe du bel esprit.* En dehors se trouvent les circonvolutions placées au-dessus de la scissure de Sylvius ; il faut les étudier sur la figure 3.

En arrière du cerveau, on voit le cervelet qui, comme chez presque tous les animaux, est en grande partie découvert ; et plus en arrière encore, une portion de moelle spinale côtoyée par le nerf spinal et présentant l'origine de la première paire des nerfs spinaux.

Fig. 2. Face inférieure de l'encéphale du même animal.

Les mêmes lettres désignent les mêmes objets que dans les planches précédentes.

Fig. 3. Encéphale du même animal vu du côté externe et contenu dans le crâne que j'ai scié sur la ligne médiane.

O. Circonvolution orbitaire.

I. Portion de la circonvolution interne ou lobe d'hippocampe.

S. Scissure de Sylvius, au fond de laquelle se trouve une circonvolution supplémentaire.

A. Circonvolutions antérieures, au nombre de trois seulement.

P. Circonvolutions postérieures, au nombre de quatre. Les deux supérieures sont celles que j'ai décrites fig. 1; les deux autres, nées dans le même point, à l'extrémité postérieure du cerveau, s'avancent flexueuses jusqu'à la scissure de Sylvius, où elles se réunissent au point marqué + sur le cerveau du bœuf (Pl. VIII, fig. 2). La réunion continue jusqu'à la ligne ponctuée S où se trouve une bifurcation dont une branche, l'externe, se porte vers la circonvolution orbitaire O, tandis que l'autre va se confondre avec la circonvolution du ***bel esprit***.

fr. Os frontal, se prolongeant en arrière sur le cerveau, beaucoup plus que chez l'homme.

pa. Os pariétal, très court comparativement à l'os frontal.

oc. Os occipital ne recouvrant que le cervelet et ne s'avançant pas jusqu'au cerveau. Les chiffres, comme dans la figure précédente.

Fig. 4. Encéphale de mouton coupé d'avant en arrière, sur la ligne médiane. Comme dans la fig. 3, on voit ici quels sont les rapports de l'encéphale avec les os du crâne. Les lettres A P I indiquent les circonvolutions antérieure, postérieure et interne. La circonvolution antérieure se continue directement avec la circonvolution interne qui est double, en avant du corps calleux; cette disposition qui est à-peu-près constante, chez le mouton, ne se rencontre pas chez le cheval et le bœuf (Pl. VIII). Quant à la circonvolution postérieure et à la circonvolution interne, elles sont séparées dans toute leur étendue. La continuité du sillon qui se trouve entre elles, n'est interrompue chez aucun animal carnivore ou herbivore, excepté toutefois chez le singe et chez l'éléphant qui, sous ce rapport, ont le cerveau conformé de la même manière que l'homme.

En voyant le cerveau du mouton, on est d'abord frappé de la flexuosité de ses circonvolutions; on leur trouve une grande ressemblance avec celles de l'homme, et l'on y distingue à peine quelque analogie avec celles des animaux carnivores. Une étude attentive ne tardera pas à détromper l'observateur. Supprimez, par la pensée, toutes les ondulations dont la première vue peut vous induire en erreur, et ne conservez que la disposition générale : sur la fig. 1, vous aurez des circonvolutions continues d'avant en arrière dans toute la longueur du cerveau; sur la fig. 3, il en sera de même, et sur la fig. 4, cette suppression n'est pas nécessaire, elle est toute faite par la nature. Les lettres P. P. P. P., fig. 3, indiquent qu'il y a quatre circonvolutions en arrière de la face extérieure du cerveau, c'est-à-dire autant que chez le renard, et les lettres A. A. A. indiquent qu'il y en a trois seulement en avant, c'est-à-dire autant que chez le coati, la loutre, l'ours, etc. Ces circonvolutions se réunissent en deux groupes, le groupe externe, dont le cerveau du chat nous a déjà présenté un rudiment, le groupe supérieur, dont l'analogue existe chez l'ours.

Les points marqués + sur le cerveau du bœuf (fig. 1 et 2, pl. VIII), indiquent la jonction des circonvolutions qui forment ces groupes, jonction qui est absolument la même que chez le mouton.

Maintenant ces circonvolutions, ou si vous voulez, ces lignes qui vont d'avant en arrière, courbez-les de manière à ce que leurs extrémités tendent à se rapprocher, faites-leur décrire un demi-cercle, vous aurez presque un cerveau de renard (Pl. IV, fig. 2.).

Oubliez toutes vos suppositions, ne conservez que ce qui existe réellement, il vous reste à la face extérieure du cerveau du mouton, deux groupes de circonvolutions allongées, flexueuses, dont l'un est à l'état rudimentaire chez le chat; l'autre bien formé chez l'ours.

Quant à la circonvolution interne I, fig. 4, elle diffère de celle du renard, seulement en ce qu'elle a, chez le mouton, des dépressions et même une sorte de sous-division, tandis que chez le renard elle est tout-à-fait lisse.

Il n'en est pas ainsi pour l'homme, l'éléphant et le singe: un nouveau groupe de circonvolutions vient s'ajouter chez eux, à celles dont il s'est agi jusqu'à présent, groupe qui se place en travers du cerveau, coupant en deux moitiés les circonvolutions antéro-postérieures des autres mammifères et se continuant avec la circonvolution interne, au dessus de la partie postérieure du corps calleux.

Le développement relatif des os du crâne est en rapport avec la présence ou l'absence des circonvolutions transverses dont je viens de parler. Chez le mouton, le frontal s'étend sur une grande partie du cerveau, le pariétal recouvre une portion assez restreinte de cet organe, l'occipital n'arrive pas jusqu'à lui; tandis que chez l'homme, par exemple, la partie supérieure du cerveau ayant acquis des circonvolutions nouvelles, et ces circonvolutions ayant déjeté en arrière la moitié postérieure des circonvolutions longitudinales des animaux, circonvolutions qui vont alors recouvrir le cervelet, l'occipital et le pariétal ont acquis une extension considérable, ainsi qu'on peut s'en convaincre en comparant le crâne du mouton, fig. 3 et 4, avec celui de l'homme (Pl. XVI, XVII et XVIII).

PLANCHE HUITIÈME.

SUITE DE LA FAMILLE DES MOUTONS.

Bœuf. Fig. 1. Côté gauche de l'encéphale du bœuf, vu par sa face supérieure.

En avant un mamelon ponctué représentant une partie du lobe olfactif.

Lobe cérébral présentant les mêmes circonvolutions que chez le mouton, à l'exception cependant de la circonvolution supérieure et interne ou en forme de V, qui, chez le bœuf, laisse à peine quelque trace de son existence.

S. Division du cerveau en partie antérieure et en partie postérieure ; la démarcation entre ces parties est formée, d'une part, par la scissure de Sylvius (fig. 2), et d'autre part, par la réunion commune des circonvolutions postérieures et antérieures, au point + placé sur la ligne S. En arrière du lobe cérébral, on voit les trois lobes du cervelet et plus en arrière encore, une portion de la moelle épinière.

Fig. 2. Face externe du lobe droit de l'encéphale du même animal.

C'est la répétition des mêmes parties que nous avons vues chez le mouton. Le signe + placé en avant de la scissure de Sylvius, indique le point de jonction des deux circonvolutions antérieures externes, et le même signe placé en arrière de cette scissure, indique le point de jonction des deux circonvolutions postérieures externes.

La face externe du cerveau du bœuf présente donc une double circonvolution externe (fig. 2) et une double circonvolution supérieure (fig. 1).

Cheval. Côté gauche de l'encéphale de cet animal.

La disposition générale des circonvolutions est très analogue à ce qu'elle est chez le bœuf; les seules différences sont celles-ci. En arrière, les circonvolutions supérieures sont au nombre de trois, tandis qu'il y en a seulement deux chez le bœuf; en avant au contraire, la réunion des trois circonvolutions étant opérée au point +, on ne trouve plus qu'une circonvolution antérieure et supérieure. En revanche, les circonvolutions externes sont moindres en arrière qu'en avant, ce qui est l'opposé de ce que l'on voit chez le bœuf.

Ce qui pourrait rester d'obscur dans cette description, surtout en ce qui concerne les circonvolutions antérieures, disparaîtra quand on aura lu l'explication de la planche X où se trouve représenté l'encéphale du chevreuil. Ce dernier encéphale est, pour la famille des ruminans et des solipèdes, ce que celui du chat et celui du renard sont chacun pour la famille dont ils forment le type.

PLANCHE NEUVIÈME.

SUITE DE LA FAMILLE DES MOUTONS.

BOEUF. Côté droit de l'encéphale du bœuf, vu par sa face interne.

A. Circonvolution antérieure du cerveau. Les quatre divisions de la circonvolution A, situées entre le lobe ethmoïdal *e*, et la circonvolution interne I, I vont s'unir à la circonvolution antérieure et moyenne (pl. VIII, fig. 1).

P. Circonvolution postérieure.

I. I. Circonvolution interne entourant le corps calleux, unie, en avant, avec la circonvolution précédente, et se portant en arrière et en bas, jusqu'au lobe d'hippocampe. Un sillon non interrompu la sépare des circonvolutions qui lui sont superposées; nulle part elle n'est en contact avec les os de la voûte crânienne, d'où il suit que son volume ne peut être reconnu par l'inspection de la tête sur l'animal vivant.

e. Lobe ethmoïdal, fournissant les nerfs ethmoïdaux.

o. Nerf optique.

m. Nerf moteur commun des yeux.

p. Petite commissure formée par la racine du nerf pathétique; elle est en relief au-dessus de la valvule de Vieussens. v. v.

c. c. Corps calleux, un peu surbaissé.

c. t. Cloison transparente.

pi. Pilier antérieur de la voûte.

c. a. Commissure antérieure.

o. a. Ouverture antérieure située en avant de la couche optique et par laquelle le troisième ventricule communique avec les ventricules latéraux.

c. o. Section de la commissure molle, commissure moyenne qui unit entre elles les deux couches optiques.

3me v. Cavité du troisième ventricule.

o. p. Ouverture postérieure du troisième ventricule, située au-dessous de la glande pinéale.

co. p. Commissure postérieure.

g. p. Glande pinéale.

t. q. Tubercules quadrijumeaux. On ne voit ici qu'un des tubercules antérieurs, le tubercule postérieur est situé trop au dehors pour être vu.

c. m. Corps mamillaire, dans lequel vient se terminer le pilier antérieur de la voûte.

c. p. Corps pituitaire.

a. s. Aqueduc du Sylvius, situé au-dessous des tubercules quadrijumeaux, et de la valvule de Vieussens; c'est un canal au moyen duquel le troisième ventricule communique avec le quatrième.

v. v. Section de la valvule de Vieussens.

p. v. Section du pont de Varole. Les points blancs indiquent la section des faisceaux de fibres transverses venant du cervelet.

4me v. Quatrième ventricule au-dessus duquel sont les circonvolutions du cervelet dont la réunion forme ce que l'on a appelé la luette.

Les chiffres 1, 2, 3, 4, 5, 6, 7, 8 indiquent quelques-unes des principales divisions du lobe moyen du cervelet.

CHEVAL. Fig. 1re. Face interne du lobe droit du cheval. Les mêmes lettres indiquent les mêmes parties que dans la figure précédente.

Le cerveau du cheval est plus arrondi et plus élevé, en haut et en avant que celui du bœuf; chez l'un et chez l'autre la masse de substance cérébrale située en avant du corps calleux est plus considérable que celle qui est située en arrière; le cerveau recouvre les tubercules quadrijumeaux et une partie du cervelet.

Fig. 2. Face interne du lobe droit du cheval.

S. Scissure de Sylvius qui est bifurquée.

I, II, III. Ces chiffres placés en avant de la scissure de Sylvius, indiquent chacune des circonvolutions antérieures, et les chiffres I, II, III, IV indiquent les quatre circonvolutions postérieures.

+. Point de réunion des circonvolutions postérieures I et II, en arrière de la scissure de Sylvius.

O. Circonvolution sus-orbitaire.

l. h. Lobe d'hippocampe ou saillie inférieure de la circonvolution interne.

c. g. Corps genouillé.

Les chiffres 1, 2, 3 placés sur le cervelet, indiquent les trois lobes de cet organe, et les lettres italiques désignent les nerfs de l'encéphale.

PLANCHE DIXIÈME.

SUITE DES RUMINANS, ET ENCÉPHALE DU SANGLIER, DU COCHON TONQUIN ET DE L'AI.

CHEVREUIL. Fig. 1re. Face supérieure de l'encéphale.

S. S. Point correspondant à la scissure de Sylvius, en avant de la ligne ponctuée qui réunit ces deux lettres, sont les circonvolutions antérieures, en arrière les circonvolutions postérieures.

si. si. Sillon antéro-postérieur qui sépare chaque lobe cérébral en deux moitiés; ce sillon se trouve entre la seconde et la troisième circonvolution, c'est le seul qui soit complet, de même que chez le cheval, le bœuf, le daim, le lion, le phoque, le cochon tonquin, etc., etc.

II, III, IV. Seconde, troisième et quatrième circonvolutions postérieures. Ces deux dernières sont séparées par un sillon longitudinal, parallèle au précédent, mais qui s'arrête au point + où les deux circonvolutions se réunissent en une seule. Les circonvolutions I et II ne se voient qu'en partie sur cette figure, elles s'unissent entre elles, comme les circonvolutions correspondantes du cheval (pl. IX).

s. c. Sillon crucial, dont on retrouve l'analogue sur presque tous les cerveaux des mammifères : ce sillon est très bien marqué dans le mouton; il appartient à une ondulation à laquelle, chez l'homme, les phrénologistes ont donné pour siège la vénération et la théosophie.

En comparant le cerveau du chevreuil, avec le cerveau du mouton et celui du daim, du cheval, du bœuf, etc., on est frappé de la simplicité du premier, et de la complication des autres, cependant, il est facile de voir qu'ils sont tous formés d'après le même type. La circonvolution IV du chevreuil est bien la même que la circonvolution IV du daim, mais chez le chevreuil elle est lisse, chez le daim, elle présente une sous-division.

La circonvolution III du chevreuil a trois dépressions, la circonvolution correspondante du daim a deux dépressions et une sous-division. Chez tous deux, les circonvolutions III et IV se réunissent en avant + pour se continuer et rester simples jusqu'à la saillie du lobe ethmoïdal *e*, avec cette différence cependant qu'un des sillons incomplets chez le chevreuil, celui qui est placé en avant du signe +, se convertit chez le daim en un sillon complet, au moins à l'extérieur, car si l'on en écarte les bords, on voit la continuité de la partie antérieure à la partie postérieure de cette circonvolution, se faire à l'endroit marqué par une flèche oblique, sur le cerveau du daim.

Sous le rapport des circonvolutions, le cerveau du chevreuil est le plus simple de tous ceux des ruminans et des solipèdes; les autres cerveaux en sont comme des exemplaires perfectionnés.

Fig. 2. Lobe de l'encéphale du chevreuil.

v. Ventricule du lobe ethmoïdal, communiquant avec la partie antérieure du ventricule latéral : une sorte de rainure située en arrière du ventricule ethmoïdal, indique le point de communication dont il s'agit. Les autres lettres indiquent les mêmes objets que dans les figures précédentes. La simplicité du cerveau de chevreuil comparée à celui du mouton (pl. VII, fig. 2) est encore ici très évidente.

Daim. On voit sur cette figure, mieux que chez le chevreuil, les quatre circonvolutions postérieures du cerveau, et l'on y remarque des sous-divisions et des ondulations nombreuses.

Cochon tonquin. Lobe droit du cerveau.

S. Scissure de Sylvius ayant une obliquité analogue à celle du renard, du loup et du chien, bien différente par conséquent de celle des ruminans et des solipèdes.

I, II, et I-II. Première et seconde circonvolutions isolées en arrière, réunies en avant. Au-dessus de ces circonvolutions, est un sillon antéro-postérieur correspondant à celui du chevreuil et du daim (si, si).

III, IV. Troisième et quatrième circonvolutions dans un grand état de simplicité, presque sans dépression ni incision.

Au-dessus des chiffres I-II est une circonvolution déprimée au centre par un sillon longitudinal qui semble ne tenir aux circonvolutions voisines que par sa partie antérieure. Sur le lobe droit du cerveau du sanglier, on voit la circonvolution correspondante; elle y est plus compliquée et deux flèches ↗↗ placées obliquement indiquent au fond du sillon qu'elles traversent, un point de communication. Le cochon cerf, le cochon domestique, le pécari présentent la même circonvolution. Le lobe gauche du cerveau du sanglier que j'ai fait représenter, présente, sous ce rapport, une légère anomalie: la circonvolution dont il s'agit y est liée à la seconde circonvolution, ce qui est un point de ressemblance entre ce cerveau et celui des moutons.

Sanglier. Encéphale vu par sa face supérieure.

S. Scissure de Sylvius.

I, II, III, IV. Les quatre circonvolutions postérieures.

↕↕ La plus antérieure de ces flèches indique le sillon crucial (s. c.) du chevreuil; la seconde flèche un autre sillon que l'on retrouve chez le daim.

Les flèches obliques indiquent, comme les précédentes, des incisions complètes à la surface du cerveau, mais des communications placées dans l'intérieur de chaque sillon.

Kanguroo. Face supérieure de l'encéphale, lobe droit.

S. Scissure de Sylvius.

P. P. Circonvolutions postérieures se continuant directement avec les circonvolutions antérieures.

A. A. Un sillon complet sépare ces circonvolutions l'une de l'autre, comme chez le cochon, le chevreuil, le daim, etc., etc.

s. c. Sillon crucial.

Aï. Encéphale vu par sa face supérieure.

I, II, III. Trois circonvolutions peu profondes et très légèrement ondulées.

PLANCHE ONZIÈME.

ENCÉPHALE DU PHOQUE.

Fig. 1. Encéphale vu par sa face supérieure.

S. S. Scissure de Sylvius, dirigée obliquement en arrière.

si. si. Sillon latéral complet, séparant comme chez les herbivores (ruminans et solipèdes), les circonvolutions cérébrales en deux groupes, dont l'externe est moins développé que l'interne. L'interne a trois circonvolutions en arrière P. P. P. et seulement deux en avant A A. La circonvolution moyenne postérieure du groupe dont il s'agit se bifurque et envoie une de ses divisions aux deux autres circonvolutions + +. L'une des circonvolutions antérieures est coupée en dehors, mais unie par un prolongement que l'on découvre en séparant les bords du sillon ‡, à la circonvolution voisine.

Tout-à-fait en avant du cerveau est une saillie de la circonvolution interne I qui s'unit + à la circonvolution antérieure située près de la scissure médiane.

Les lettres P. A. de la même figure, sont placées l'une en avant, l'autre en arrière de la scissure de Sylvius.

1. Lobe moyen du cervelet.

2. Lobe latéral du même organe.

Fig. 2. Encéphale du même animal, vu par sa base.

Tout-à-fait en avant, est un sillon transverse, c'est le sillon crucial.

Les mêmes lettres indiquent les mêmes objets que dans les autres planches.

Il y a symétrie assez parfaite d'un côté à l'autre entre les parties situées à la base de l'encéphale du phoque; il y a au contraire des différences assez grandes entre les circonvolutions du côté droit et celles du côté gauche de la fig. 1. La direction de toutes ces circonvolutions est d'avant en arrière, mais pour reconnaître leur analogie, avec les circonvolutions des autres mammifères, il faut étudier plusieurs cerveaux de phoque.

Le cervelet des phoques est très volumineux, très large, et présente de très nombreuses lamelles; il est en cela, bien supérieur à celui des encéphales figuré dans les planches précédentes.

PLANCHE DOUZIÈME.

ENCÉPHALE DU MARSOUIN.

Fig. 1. Encéphale vu par sa face supérieure et dont le lobe cérébral droit (fig. 2) a été détaché par la section du corps calleux et du pédoncule cérébral, en avant des tubercules quadrijumeaux.

I, II, III, IV. Quatre circonvolutions antéro-postérieures.

P, P, P. Leur partie postérieure.

A, A, A, A. Leur partie antérieure.

si, si, si. Trois sillons complets qui les séparent.

t. q. a., et t. q. p. Les tubercules quadrijumeaux antérieurs et postérieurs.

a. Nerf abducteur.

f. Nerf facial.

l. Nerf labyrinthique.

o. Nerf optique.

Le lobe médian (1) du cervelet est très petit en comparaison du lobe latéral (2) qui a un développement énorme ; le lobe externe (3, Fig. 3) est très peu considérable et retiré au-dessous du lobe latéral.

Fig. 2. Face interne du lobe droit du cerveau.

si, si. Sillon qui sépare la circonvolution interne de la circonvolution IV.

I, I, I. Circonvolution interne.

l. b. Lobe d'hippocampe.

Ici on voit que le cerveau est plus développé en arrière qu'en avant du corps calleux, on peut aussi juger que le cerveau du phoque est plus élevé que celui du cheval, du bœuf du mouton, etc.

Fig. 3. Base de l'encéphale du phoque.

Toutes les parties désignées par des lettres ou par des chiffres étant déjà connues, il est inutile de répéter ici ce que j'en ai dit à l'occasion des planches précédentes.

L'encéphale du dauphin et celui de la baleine sont les mêmes que celui du marsouin.

PLANCHE TREIZIÈME.

LOBE CÉRÉBRAL DROIT DE L'ÉLÉPHANT DES INDES; FACE INTERNE.

c. c. Corps calleux.

I, I, I, I. Circonvolution interne. En haut et en arrière du corps calleux, cette circonvolution envoie un prolongement + qui va s'unir aux circonvolutions supérieures S. S. S. S; je n'ai trouvé cette disposition que chez l'homme, chez le singe et chez l'éléphant. L'appareil dont il s'agit coupe les circonvolutions antéro-postérieures que nous avons étudiées jusqu'ici en deux parties, dont les unes sont antérieures, les autres rejetées en arrière sont les circonvolutions postérieures.

III, P, III. P. Troisième circonvolution postérieure.

IV, P, IV. P. Quatrième circonvolution postérieure.

III. A. Troisième circonvolution antérieure.

IV. A. Quatrième circonvolution antérieure.

Supprimez, par la pensée toutes les circonvolutions supérieures S.S.S. ainsi que le prolongement + de la circonvolution interne, vous pourrez unir la quatrième circonvolution antérieure à la quatrième circonvolution postérieure, la troisième à la troisième, et vous aurez l'un des groupes des circonvolutions du cerveau des ruminaus et des solipèdes.

PLANCHE QUATORZIÈME.

FACE EXTERNE DU LOBE DROIT DU CERVEAU DE L'ÉLÉPHANT DES INDES.

S. S. Scissure de Sylvius.

I. A, II. A, III. A. Trois circonvolutions antérieures dont l'une, la troisième, est déjà représentée sur la planche précédente. La direction qu'elles affectent est d'avant en arrière, toutefois avec des ondulations nombreuses.

Elles ont une origine commune; elles viennent de la circonvolution S. S. S. qui est la plus antérieure des circonvolutions supérieures.

En arrière de la circonvolution supérieure S. S. S., est un sillon, dont l'analogue existe chez l'homme et chez le singe, et que j'ai nommé sillon de Rolando.

Au-delà de ce sillon on voit de volumineuses circonvolutions supérieures S'. S'. S''. S''. qui de même que les circonvolutions S. S. S., interrompent la continuité des circonvolutions antérieures avec les circonvolutions postérieures.

I. P, I. P. Première circonvolution postérieure, située en arrière de la scissure de Sylvius, et qui se réunirait à la circonvolution I. A., si les circonvolutions supérieures n'existaient pas.

II. P., II. P., Seconde circonvolution postérieure.

III. P., Troisième circonvolution postérieure dont la plus grande partie est représentée sur la planche précédente.

O. O. Circonvolutions sus-orbitaire.

Le soin que j'ai eu de faire reproduire tous les cerveaux qui composent cet atlas dans leurs véritables dimensions, permet de comparer le volume du cerveau de l'éléphant, à celui de l'homme et à celui des animaux. Aucun animal, pas même la baleine, n'a le cerveau aussi gros que l'éléphant; l'homme lui-même est inférieur à cet animal non-seulement pour le volume total du cerveau, mais pour le nombre, l'amplitude et les ondulations des circonvolutions cérébrales.

PLANCHE QUINZIÈME.

ENCÉPHALE DU SINGE PAPION.

C'est un très petit encéphale d'homme, ou plutôt un très grand encéphale de fœtus humain. Les circonvolutions cérébrales y sont en même nombre que chez l'homme, mais elles n'ont pas plus d'ondulations que celles d'un fœtus de six à sept mois. On y compte trois circonvolutions antérieures, trois circonvolutions postérieures, deux circonvolutions supérieures, une circonvolution interne, et un groupe de circonvolutions sus-orbitaires.

Fig. 1. Encéphale vu par sa base.

O, O, O. Circonvolutions sus-orbitraires.

P, P, P. Le commencement des trois circonvolutions postérieures, placées en arrière de la scissure de Sylvius, et dont on voit le complément sur la figure 3 et sur la figure 4.

p. c. Pédoncule cérébral.

p. v. Pont de Varole.

p. a. Pyramide antérieure.

o l. Eminence olivaire.

c. r. Corps restiforme.

Les lettres italiques indiquent l'origine des nerfs de l'encéphale.

Fig. 2. Face supérieure de l'encéphale.

I. A., II. A., III. A., Première, seconde et troisième circonvolutions antérieures, naissant de la circonvolution supérieure S, S, S, et se dirigeant presque directement en avant.

I. P., II. P. Première et seconde circonvolutions postérieures, dont on voit le complément sur la figure 4.

S, S, S. L'une des circonvolutions supérieures, celle qui fournit les trois circonvolutions antérieures, et en arrière de laquelle se trouve la scissure de Rolando.

S' S'. La circonvolution supérieure qui se continue en arrière jusqu'au point + où elle s'unit avec un prolongement de la circonvolution interne (fig. 5). Sur le lobe droit de la même figure se trouve indiquée en S. S. la scissure de Sylvius, et en S. R. la scissure qui sépare l'une de l'autre les deux circonvolutions supérieures, ou scissure de Rolando.

1 Petite portion du lobe moyen du cervelet.

Fig. 3. Portion détachée du lobe cérébral gauche, en arrière de la scissure de Sylvius, et au-dessus du cervelet. On voit sur cette figure le complément des circonvolutions qui sont recouvertes par le cervelet, sur la figure 1.

PPP. Les trois circonvolutions postérieures.

I,I,I. Subdivisions de la circonvolution interne la plus allongée de ces subdivisions (celle qui est indiquée près des lettres P) n'est autre que le lobe d'hippocampe.

Fig. 4. Côté gauche de l'encéphale.

S. S. Scissure de Sylvius, qui monte obliquement d'avant en arrière.

S. R. Scissure de Rolando, aussi constante, mais moins considérable que la scissure de Sylvius.

S S S S S' S' S'. Les deux circonvolutions supérieures.

I. A, II. A, III. A. Première, deuxième et troisième circonvolutions antérieures, naissant toutes trois de la même circonvolution supérieure.

I. P, II. P, III, P. Première, seconde et troisième circonvolutions postérieures. La première, longue, bien isolée, contourne en haut la scissure de Sylvius et se dirige vers la première circonvolution antérieure dont elle est séparée par la partie la plus basse des circonvolutions supérieures. La seconde et la troisième circonvolutions se portent au-dessus et en arrière du cervelet, et sont en partie confondues l'une avec l'autre.

+ Point de réunion et prolongement de la circonvolution supérieure S', S', S', avec le prolongement de la circonvolution interne. (Fig. 5).

2. Lobe latéral du cervelet, dont le lobe moyen se voit en partie fig. 2 et fig. 5.

3. Troisième lobe du cervelet ou flocons.

Fig. 5. Le lobe cérébral gauche a été enlevé; on voit en relief le cervelet qui est resté intact, et la couche optique appartenant au lobe gauche.

AA. Partie interne de la troisième circonvolution antérieure.

P. L'une des circonvolutions postérieures.

I, I, I, I. Circonvolution interne.

+ +. Prolongement de la circonvolution interne qui va s'unir à la circonvolution supérieure (S', S', S', fig. 4).

c. o. Couche optique gauche contournée par la racine du nerf optique gauche au-dessous duquel (en I) se voient le lobe d'hippocampe, la troisième paire de nerfs ou nerf moteur commun des yeux et le pédoncule cérébral gauche.

1, 2, 3. Les trois lobes du cervelet.

PLANCHE SEIZIÈME.

ENCÉPHALE DE L'HOMME.

ENCÉPHALE D'UN VIEILLARD.

Face supérieure de l'encéphale d'un vieillard : la calotte du crâne a été enlevée et l'on aperçoit la démarcation qui existe entre les os frontal, pariétal et occipital.

fr. Os frontal.

pa. Os pariétal.

oc. Occipital.

L'os pariétal est des trois, celui qui recouvre la plus grande étendue du cerveau et c'est au-dessous de lui que se trouvent les circonvolutions supérieures, celles qui n'existent pas chez les animaux, à l'exception de l'éléphant et du singe.

I. A., II. A., III. A. Première, seconde et troisième circonvolutions antérieures qui se dirigent en avant, s'unissant les unes aux autres et offrant de nombreuses ondulations. En raison des ondulations qu'elles présentent, il serait assez difficile de distinguer au premier abord, leur véritable direction, si l'on n'avait pour se guider, l'état des mêmes circonvolutions chez le fœtus ou l'enfant naissant *avant terme*.

S. R. Sillon de Rolando.

S S S et S' S' S' S'. Circonvolutions supérieures, séparées l'une de l'autre par la scissure de Rolando. Celle de ces circonvolutions qui est située en arrière de la scissure de Rolando, se subdivise et se prolonge jusque vers la partie postérieure du cerveau, où elle s'unit au prolongement de la circonvolution interne.

P P. Portion des circonvolutions postérieures.

Toutes ces circonvolutions ont été exactement figurées par Rolando et par M. Magendie.

ENCÉPHALE D'UN ENFANT

né à sept mois, et ayant vécu quelques jours.

Fig. 1. Face supérieure du cerveau.

Lobe gauche.

I. A., II. A., III. A. Première, seconde et troisième circonvolutions antérieures, allant se porter directement en avant. La seconde circonvolution du lobe gauche paraît n'être pas unie à la circonvolution supérieure, parce que le point de jonction de l'une à l'autre se trouve au fond du sillon. La circonvolution correspondante du lobe droit est tout-à-fait régulière.

S S. Première circonvolution supérieure, celle qui fournit les trois circonvolutions antérieures.

S' S' S' S' S'. Seconde circonvolution supérieure qui est sous-divisée et dont l'union avec la circonvolution interne se fait en arriere.

S. R. Sillon de Rolando, qui sépare les deux circonvolutions supérieures.

+ Point de jonction de l'une des circonvolutions supérieures à la circonvolution interne.

Lobe droit. Les mêmes lettres indiquent les mêmes parties. La seconde circonvolution supérieure de ce côté S' S' S' n'est pas exactement semblable à celle du côté opposé.

Fig. 2. Lobe droit du cerveau.

S. S. Scissure de Sylvius, dont la direction est plus oblique que celle de la plupart des mammifères. La loutre (pl. VI) l'emporte en cela sur l'homme.

I. A., II. A., III. A. Les trois circonvolutions antérieures.

SS et S' S'. Les deux circonvolutions supérieures.

I. P. II. P. Première et seconde circonvolutions postérieures. La troisième, confondue à son origine avec la seconde, se voit bien sur la figure 3.

La simplicité des circonvolutions de cet enfant peut servir de transition entre les circonvolutions du singe et celles de l'homme adulte ou du vieillard.

Fig. 3. Lobe droit du cerveau vu par sa face interne.

I, I, I. Circonvolution interne qui se contourne sur le corps calleux, envoie un prolongement qui s'unit à l'une des circonvolutions supérieures, et descend derrière le corps calleux où elle forme le lobe d'hippocampe l. h. La circonvolution interne est ici représentée dans toute son étendue.

III. A. Portion interne de la troisième circonvolution antérieure.

II. P., III. P. Seconde et troisième circonvolutions postérieures.

Comparez cette figure à celles qui représentent la face interne du lobe cérébral du bœuf et du cheval (pl. IX), du mouton (pl. VII), du chat (pl. V), et du renard (pl. IV), et vous verrez que, chez tous les animaux, la moelle allongée, les tubercules quadrijumeaux, la glande pinéale, la couche et la commissure optiques sont plus considérables que chez l'enfant. L'homme est, sous ce rapport, dans le même cas que l'enfant.

PLANCHE DIX-SEPTIÈME [1].

HOMME ADULTE. — FACE LATÉRALE EXTERNE DE L'ENCÉPHALE. — CIRCONVOLUTIONS DE L'INSULA.

Fig. 1. Face latérale droite de l'encéphale d'un homme adulte; la moitié droite du crâne a été enlevée pour découvrir le profil du bulbe, du cervelet et de l'hémisphère cérébral.

fr. Os frontal.

pa. Os pariétal.

oc. Occipital.

ba. Base du crâne.

I. A., II. A., III. A.; Première, seconde et troisième circonvolutions antérieures se dirigeant en avant. *(Elles correspondent aux trois étages que nous distinguons dans le lobe frontal.)*

S. R. Sillon de Rolando.

SS., S' S'. Circonvolutions supérieures, séparées l'une de l'autre par le sillon de Rolando. *(Elles constituent pour nous les deux plis ascendants, l'un appartient au lobe frontal, l'autre au lobe pariétal.)*

S''. Prolongement que la circonvolution S'S' envoie vers la partie postérieure du cerveau. *(Pli supérieur de passage.)*

PP. Circonvolutions postérieures. *(Deuxième pli de passage.)*

S. S. Scissure de Sylvius.

I. P., II. P., Première et deuxième circonvolutions postérieures de Leuret. *(Plis du lobe occipito-sphénoïdal se continuant jusqu'à l'extrémité du lobe occipital par l'intermédiaire du troisième et du quatrième plis de passage.)*

P. V. Pont de Varole.

P. A. Pyramide antérieure.

C. R. Corps restiforme.

N. 6. Sixième paire ou moteur oculaire externe.

H. Hypoglosse.

GP., PG., Série des racines du glosso-pharyngien et du pneumogastrique.

S. P. Spinal.

C. V. Cervelet.

L. S. Lobes supérieurs.

L. L. Lobes latéraux.

T. Touffes.

N. A. Nerfs auditifs.

N. F. Nerf facial.

Fig. 2. Fosse de Sylvius dilatée pour montrer son fond et les plis rayonnants de l'Insula.

B. S. Bord antérieur de la fosse de Sylvius. — B' S., B' S., son bord supérieur. — B'' S., B'' S., son bord inférieur.

I. I. I. I. Circonvolutions de l'Insula disposées en manière d'éventail et se continuant avec les plis superficiels de l'hémisphère.

L. O. Lobe olfactif.

L. F. Lobe frontal.

L. S. Lobe sphénoïdal.

(1) Cette planche et les suivantes, jusqu'à la vingt-deuxième inclusivement, ont été dessinées et gravées sous la direction de M. Leuret, qui les a malheureusement laissées sans explication. Pour ne pas substituer notre méthode à celle de ce savant auteur dans l'exposition d'une œuvre qui est la sienne, nous prendrons pour guide l'explication qu'il a donnée de la planche XVI, n'y suppléant que pour les points qui n'y ont pas été indiqués, et nous bornant à indiquer les rapports qu'ont les groupements qu'il accepte avec ceux que nous avons cru devoir préférer dans le second volume de cet ouvrage. PIERRE GRATIOLET.

PLANCHE DIX-HUITIÈME.

ENCÉPHALE HUMAIN. — FACE INTERNE DE L'HÉMISPHÈRE.

Fig. 1. Coupe médiane du crâne et de l'encéphale, destinée à montrer d'une manière plus particulière les circonvolutions de la face interne de l'hémisphère droit.

fr. Frontal.

oc. Occipital.

AA. Partie interne de la troisième circonvolution antérieure.

P. L'une des circonvolutions postérieures.

I. I. I. I. Circonvolution interne.

+++ Prolongement de la circonvolution interne qui va s'unir à la circonvolution supérieure.

CC'. Cervelet.

c.o. Couche optique.

pv'. Pilier droit de la voûte à trois piliers.

sl. Lame droite du septum lucidum.

gp. Glande pinéale.

c. a. Commissure antérieure.

aq. Aqueduc de Sylvius.

v. n. Quatrième ventricule.

n. o. Nerf optique.

c. p. Corps pituitaire.

e. m. Éminences mamillaires.

p. v. Pont de Varole ou protubérance annulaire.

b. m. Coupe médiane du bulbe.

l. o. Lobes optiques ou tubercules quadrijumeaux.

a. v. Arbre de vie résultant d'une coupe médiane du cervelet.

Fig. 2. Développement de l'ensemble du ventricule latéral droit.

fr. Extrémité frontale de l'hémisphère droit.

oc. Son extrémité occipitale.

sph. Son extrémité sphénoïdale.

cc., c.c., c.c, Corps calleux.

VL., VL., VL., Paroi supérieure de l'étage supérieur du ventricule latéral.

C. A. Cavité ancyroïde ou prolongement du même ventricule.

V. S. Corne sphénoïdale du ventricule latéral.

C. A. H. Corne d'Ammon ou pied d'hippocampe.

E. C. A. Ergot de la corne d'Ammon.

c. s., c. s., Corps strié.

t. s. Tænia semicircularis.

co. Couche optique.

gp. Glande pinéale.

h. Sa rêne droite.

n.o. Nerf optique.

ca. Commissure antérieure.

pv. Pilier de la voûte.

3 p. Troisième paire.

st. Stries dans la substance corticale du lobe postérieur.

PLANCHE DIX-NEUVIÈME.

CHARRUAS ADULTE. — FACE LATÉRALE DROITE EXTERNE DU CERVEAU. — ENFANT BLANC. MÊME FACE.

Fig. 1. Charruas.

fr. Extrémité frontale.

oc. Extrémité occipitale.

sph. Extrémité sphénoïdale.

A. AA. Trois circonvolutions frontales.

S. S., S' S'. Circonvolutions supérieures. (*Plis ascendants.*)

S''. Prolongement de l'une des deux circonvolutions supérieures vers le lobe occipital. (*Lobule du pli pariétal ascendant.*)

P. P. Circonvolutions postérieures. (*Plis de passage.*)

1. P., 2. P. Première et deuxième circonvolutions postérieures.

C. C. Cervelet.

B. Bulbe.

P. V. Protubérance ou pont de Varole (1).

Fig. 2. Enfant blanc.

Recourir, pour l'explication des lettres, à celle qu'on a donnée des détails de la Figure 1 (2).

(1) L'encéphale, dont il s'agit ici, appartenait probablement à ce Charruas qui mourut, il y a quelques années, à la maison de santé de Paris. Il manifesta dans ses derniers moments une énergie sombre mais résignée. Il est fâcheux qu'on n'ait point étudié avec soin son intelligence; on peut remarquer, en effet, que les plis du cerveau, qui est représenté ici, sont d'une extrême simplicité, si on les compare à ceux des autres cerveaux adultes figurés par Leuret. Ce cerveau, d'ailleurs, est énormément affaissé sur sa base, en sorte qu'on ne peut tirer de sa forme aucune induction légitime.

(2) Ce cerveau donne lieu à quelques remarques qu'on trouvera dans l'explication de la planche XX.

PLANCHE VINGTIÈME.

CHARRUAS ADULTE. — FACE SUPÉRIEURE DU CERVEAU. — ENFANT BLANC. MÊME FACE.

Fig. 1. Charruas adulte. — La forme de ce cerveau se rapproche au premier abord des conditions les plus avancées de la Brachycéphalie. Mais, ainsi que je l'ai déjà fait remarquer, il est évidemment affaissé sur sa base. Leuret n'a laissé sur cette figure aucune note particulière.

A. A. A. Les trois circonvolutions frontales.

S. S. S., S'. S'. S'. S'. Circonvolutions supérieures.

S. R. Sillon de Rolando.

S. S. Scissure de Sylvius.

P. P. Circonvolutions postérieures.

Fig. 2. Enfant blanc.

L'explication de la figure 1 convient à celle-ci.

N.B. L'âge précis de ce cerveau n'a point été indiqué par Leuret. Son volume est supérieur à celui de l'enfant nouveau-né. Les circonvolutions, comme on peut s'en convaincre en étudiant la planche XXXI n'y ont point leur complication réelle, ce qui tient sans doute à l'affaissement du modèle. Les parties frontales sont tiraillées et beaucoup trop longues. En revanche les parties occipitales sont trop courtes.

PLANCHE VINGT-ET-UNIÈME.

CHARRUAS ADULTE. FACE INFÉRIEURE DU CERVEAU. — ENFANT. FACE LATÉRALE INTERNE DE L'UNE DES MOITIÉS DE L'ENCÉPHALE.

Fig. 1. Charruas.

fr. Extrémité frontale.
oc. Extrémité occipitale.
sph. Extrémités sphénoïdales.

O. O. Circonvolutions de la face orbitaire du lobe frontal.
P'., P''. P'''. Circonvolutions postérieures.
n. o. Nerf olfactif.
n. op. Nerf optique.
p. m. Éminences mammillaires.
3 p. Troisième paire.
4 p. Quatrième paire
P. V. Pont de Varole.
5 p. Cinquième paire.
6 p. Sixième paire.
7 et 8 p. Septième et huitième paires.
p. a. Pyramides antérieures.
C. I. Extrémité unciforme de la circonvolution interne.
C. C. C. Cervelet.
T. Touffe.

N.B. La simplicité des circonvolutions inférieures du lobe occipito sphénoïdal, est très-remarquable sur cette figure.

Fig. 2. Face latérale interne de l'hémisphère droit d'un enfant. Le cervelet a été enlevé.

fr. Extrémité frontale.
oc. Extrémité occipitale.
sph. Extrémité sphénoïdale.
A. A. Portion interne de la troisième circonvolution antérieure.
PP. Circonvolutions postérieures.
I. I. I. Circonvolution interne.
+ + Prolongement de la circonvolution interne qui va s'unir à la circonvolution postérieure.
c. c. Corps calleux.
c. a. Commissure antérieure.
c. o. Couche optique.
c. m. Commissure molle.
g. p. Glande pinéale.
l. o. Lobes optiques.
a. q. Aqueduc de Sylvius.
p. c. Pédoncule cérébelleux divisé.
n. ol. Nerf olfactif.
n. op. Nerf optique.
e. m. Éminences mammillaires.
p. v. Pont de Varole.
b. m. Bulbe (coupe médiane).
v. n. Quatrième ventricule.

PLANCHE VINGT-DEUXIÈME.

ENCÉPHALE DE FIESCHI.

Fig. 1. Face supérieure.

Fig. 2. Profil du cerveau.

N. B. Il est fort à regretter que Leuret n'ait point laissé de légende expliquant, d'après ses vues particulières, l'encéphale de ce criminel fameux.

Si la forme du cerveau n'a point été altérée, il offre les conditions d'une dolicho-céphalie fort avancée, sa longueur l'emportant exactement d'un quart sur sa largeur.

L'extrémité frontale de l'hémisphère paraît manquer d'amplitude, eu égard à la hauteur des parties postérieures; les régions situées au-dessous de la scissure de Sylvius prédominent, eu égard à leur volume sur celles qui sont situées au-dessous; toutefois les plis, bien qu'assez larges, y sont moins compliqués et surtout moins flexueux. A cet égard, cet encéphale donne à la fois tort et raison aux prétentions des phrénologistes; mais la dolicho-céphalie qu'il présente leur est manifestement contraire.

PLANCHE VINGT-TROISIÈME.

MOELLE ÉPINIÈRE.

Dans cette planche sont représentées, avec l'ensemble de la moelle épinière de l'enfant nouveau-né, certaines coupes des principales régions de la moelle de l'enfant nouveau-né et de l'adulte, dessinées à la chambre claire, pour indiquer avec précision les proportions relatives des axes gris et des faisceaux blancs qui les enveloppent.

Fig. 1. Moelle épinière de l'enfant nouveau-né (Face postérieure).

a. Tubercules quadrijumeaux antérieurs.

b. Tubercules quadrijumeaux postérieurs.

c. Faisceau triangulaire latéral de l'isthme (Cruveilhier), ou Ruban. (Reil.)

d. Pédoncule supérieur du cervelet.

e. Valvule de Vieusseus que recouvrent en partie certains prolongements du lobe médian du cervelet, qui sont désignés sous le nom de *lingule*.

f. Coupe de l'ensemble des pédoncules cérébelleux.

g. Paroi antérieure du quatrième ventricule.

h. Valvules latérales du quatrième ventricule très-épaisses chez l'enfant.

i. Renflements mamelonnés des funicules grêles.

j. Corps restiformes ou pyramides postérieures.

k. Tubercule cendré de Rolando.

l. Faisceau moyen dans la région du bulbe.

m. Cordons médians postérieurs, ou funicules grêles, dans la région du renflement cervical, limitant le sillon médian antérieur.

n. Cordons médians postérieurs, dans la région du renflement lombaire.

A. Bulbe.

B. Renflement cervical.

C. Renflement lombaire.

Fig. 2. Profil gauche de la même moelle.

a. Tubercule quadrijumeau antérieur.

b. Tubercule quadrijumeau postérieur.

c. Ruban de Reil.

d. Pédoncule supérieur du cervelet.

f. Ensemble des pédoncules cérébelleux coupé.

g. Renflement mamelonné du funicule grêle gauche.

h. Corps restiforme.

i. Tubercule cendré de Rolando.

j. Funicule accessoire du faisceau latéral de la moelle.

k. Son expansion autour des corps restiformes.

l. Olive.

m. Pyramide antérieure.

n. Sillon latéral postérieur

Fig. 3. Face antérieure de la même moelle.

a. Éminences mammillaires.

b. Pédoncules cérébraux.

c. Protubérance.

d. Pyramide antérieure.

f. Olive.

g. Faisceau antéro-latéral.

h. Trou borgne postérieur de Vicq-d'Azyr.

i. Trou borgne antérieur.

j., *j*. Sillon médian antérieur de la moelle.

Fig. 4. Face postérieure d'une portion de la moelle du Papion. Cette figure est destinée à faire mieux comprendre la véritable signification des funicules grêles ou cordons médians postérieurs.

A. Portion du renflement cervical.

B. Renflement lombaire.

a. Faisceaux postérieurs dans la région du renflement lombaire séparés l'un de l'autre par deux petit cordons médians postérieurs.

b. Cordons médians postérieurs, qui résultent d'un prolongement des cordons postérieurs de la région funiculaire.

c. Cordons postérieurs, s'atténuant dans la région dorsale.

d. Les mêmes cordons atténués encore davantage dans la région cervicale, où ils jouent le rôle de funicules grêles.

e. Cordons postérieurs de la région cervicale.

Fig. 5. Coupe de la moelle de l'enfant nouveau-né dans la région intermédiaire au bulbe et au renflement cervical.

a. Sillon médian antérieur.

b. Sillon médian postérieur.

c. Sillon latéral postérieur.

d. Points d'où émergent les racines antérieures des nerfs spinaux.

e. Ventricule central de la moelle.

f. Cordons disséminés sur la tête centrale du faisceau latéral.

g. Cornes postérieures des axes gris de la moelle, parcourues d'arrière en avant par des faisceaux blancs émanés des cordons postérieurs, et des racines postérieures des nerfs spinaux.

Fig. 6. Coupe de la même moelle vers le milieu du renflement cervical.

a. Sillon médian antérieur.

b. Sillon médian postérieur.

f. Faisceaux disséminés.

On peut remarquer les proportions, relativement très-grandes, des axes gris dans cette région.

Fig. 7. Coupe de la même moelle vers le milieu de la région dorsale.

On peut y remarquer une réduction simultanée des faisceaux blancs et des axes gris.

Fig. 8. Coupe de la même moelle, vers le milieu du renflement lombaire.

a. Sillon médian antérieur.

b. Sillon médian postérieur.

c. Sillon latéral postérieur.

d. *d*. Amas gris symétriques que j'ai observés dans le domaine des cornes antérieures des axes gris, mais dont la signification m'est inconnue.

g. Stries blanches des cornes postérieures des axes gris.

Cette coupe est remarquable, eu égard à l'énorme proportion des axes gris, comparés à l'écorce blanche qui les enveloppe.

Fig. 9. Coupe de la moelle d'un homme adulte vers le milieu du renflement cervical (Cf. fig. 6).

a. Sillon médian antérieur.

b. Sillon médian postérieur.

Fig. 10. Coupe de la même moelle vers le milieu de la région dorsale (Cf. fig. 7).

a. Sillon médian antérieur.

b. Sillon médian postérieur.

Fig. 11. Coupe de la même moelle, vers le milieu du renflement lombaire.

a. Sillon médian antérieur.

b. Sillon médian postérieur.

N.B. Si l'on compare ces trois dernières coupes aux coupes analogues pratiquées sur la moelle de l'enfant nouveau-né, fig. 6, 7 et 8, on pourra constater une proportion relative plus grande des faisceaux blancs chez l'adulte, et des axes gris chez l'enfant nouveau-né, et cette différence est surtout apparente dans les coupes pratiquées au niveau de la région lombaire.

Fig. 12. Cellule nerveuse centrale dont un prolongement se continue avec l'axe cylindrique d'une fibre nerveuse (d'après Ecker).

a. Cellule multipolaire.

b. Son noyau.

c. Son nucléole.

d. Rayon de cette cellule qui se porte dans l'axe de la fibre nerveuse *d'*.

Fig. 13. Cellules conjuguées de l'axe gris dans la région cervicale de la moelle d'une vache (grossies 240 fois).

a. Cellule multipolaire.

b. Autre cellule multipolaire.

c. Pont qui les unit en un même système.

d. Rayons subdivisés.

PLANCHE VINGT-QUATRIÈME

STRUCTURE DE LA MOELLE, DU CERVELET ET DU CERVEAU. CERVEAU D'UN MICROCÉPHALE HUMAIN, COMPARÉ A CELUI D'UN ORANG ET D'UN CHIMPANZÉ.

Fig. 1. Coupe transversale de la moelle du Chat pratiquée vers le milieu du renflement lombaire.

a. Sillon médian antérieur.

b. Sillon médian postérieur.

c. Sillon latéral postérieur et racines postérieures des nerfs spinaux dont on voit certaines fibres pénétrer dans l'épaisseur des axes gris, et s'infléchir vers le ventricule de la moelle, tandis que d'autres fibres se portent dans les cellules multipolaires des cornes postérieures.

d. Racines antérieures des nerfs spinaux dont certaines fibres sont en rapport avec les cellules multipolaires des cornes antérieures des axes gris.

e. Cellules multipolaires de la substance grise spongieuse des cornes antérieures des axes gris, unies en un réseau compliqué par des anastomoses multipliées, et communiquant : 1° avec les racines antérieures; 2° avec les racines postérieures; 3° avec les fibres longitudinales des faisceaux moyens et postérieurs; 4° enfin, avec les fibres entrecroisées qui constituent la commissure antérieure.

f. Petits cordons formant l'arête centrale des faisceaux antérieurs et compris dans l'épaisseur de la commissure blanche. Ils sont quelquefois condensés, dans les Ruminants par exemple, en deux petits funicules arrondis et symétriques. Ce sont là les cordons longitudinaux de la commissure.

g. Canal central ou ventricule de la moelle épinière, revêtu à l'intérieur d'une couche de cellules épithéliales.

g'. Petits canaux vasculaires situés à droite et à gauche du ventricule de la moelle.

h. Fibres entrecroisées sur la ligne médiane constituant la commissure antérieure.

i. Petits faisceaux disséminés, formant l'arête centrale des faisceaux moyens.

j. Fibres qui de la face antérieure des faisceaux postérieurs ou sensitifs se portent dans les cellules de l'axe gris et vers le ventricule central.

k, k, k, k. Petites lames de substance gélatineuse intermédiaires aux lames centripètes qui constituent les fibres précédentes.

l. Commissure grise.

A. Faisceaux blancs antérieurs.

A'. Faisceaux moyens confondus avec les antérieurs.

B. Faisceaux postérieurs.

Fig. 2. Structure d'une feuille du cervelet.

a. Faisceau central de fibres blanches provenant du noyau blanc du cervelet.

b. Couche de cellules grises.

c. Couche de cellules multipolaires pâles et transparentes, qui envoient des prolongements dans la couche superficielle.

d. Couche superficielle, formée d'éléments prismatiques semblables aux bâtonnets de la rétine.

Fig. 3. Structure de la couche corticale du cerveau (d'après M. Baillarger).

a. Premier système, formé de deux couches, l'une blanche superficielle, l'autre grise.

a. Deuxième système, également formé de deux couches, l'une blanche, l'autre grise.

c. Troisième système pareillement constitué.

Fig. 4. Profil du cerveau d'une fille microcéphale âgée de 4 ans (donné par M. Giraldès).

E. F. Extrémité frontale.
E. OC. Extrémité occipitale.
E. O. Face orbitaire du lobe frontal.
C. Cervelet très-développé.
B. Bulbe.
O. Olive,
T. Touffe.
P. Protubérance.
a. Scissure de Sylvius.
b. Sillon de Rolando.
c. Scissure parallèle.
d. Pli frontal ascendant.
e, *e'*, *e''*. Les trois étages du lobe frontal.
f. Pli pariétal ascendant.
f'. Lobule du pli pariétal ascendant.
g. Pli marginal inférieur.
h. Pli courbe.
i. Premier pli ou pli supérieur de passage unissant au sommet du lobe occipital le lobule du pli pariétal ascendant.
j. Deuxième pli de passage, unissant le pli courbe au sommet du lobe occipital.
k. Troisième pli de passage.
l. Quatrième pli de passage. Ces quatre plis sont superficiels, ce qui est le caractère du cerveau humain.
m. Quatrième paire.
n. Cinquième paire.
o. Moteur oculaire externe.
p. Facial et acoustique.

Fig. 5. Profil réduit d'un Orang-Outang, de la collection du Muséum (*extrait de mon ouvrage sur les plis cérébraux de l'homme et des primates*).

E. F. Extrémité frontale de l'hémisphère.
L. O. Lobe occipital.
E. O. Lobule orbitaire du lobe frontal très-excavé.
SC. P. Scissure perpendiculaire séparant le lobe occipital d'avec le lobe pariétal.
a. Scissure de Sylvius.
b. Sillon de Rolando.
c. Scissure parallèle.
d. Pli frontal ascendant.
e, *e'*, *e''*. Les trois étages du lobule frontal.
f. Pli pariétal ascendant.
f'. Lobule du pli pariétal ascendant.
g. Pli marginal inférieur.
h. Pli courbe.
h'. Branche descendante du pli courbe.
i. Pli supérieur de passage superficiel.

Le deuxième pli est caché au fond de la scissure perpendiculaire externe.

k. Troisième pli de passage.
l. Quatrième pli de passage.

Fig. 6. Profil d'un cerveau d'un troglodyte Chimpanzé. (*Extrait du même ouvrage.*)

Les lettres ont la même signification dans la figure 5.

Le pli supérieur de passage manque; le deuxième est caché au fond de la scissure perpendiculaire externe.

PLANCHE VINGT-CINQUIÈME.

NOYAU DE L'ENCÉPHALE PRÉPARÉ PAR ÉNUCLÉATION ET REPRÉSENTÉ SOUS DIFFÉRENTES FACES.

Fig. 1. Face inférieure ou ventrale du noyau. La bandelette optique a été enlevée du côté droit. D'après le cerveau du Papion (*Cynocephalus sphynx*), grossi.

a. Faisceau antéro-latéral.

b. Pyramide antérieure du côté gauche.

b'. Pyramide antérieure du côté droit, elle a été mise à découvert dans toute son étendue par l'ablation de la moitié droite du plan superficiel de la protubérance.

c. Olive du bulbe.

d. Trapèze, formé par les fibres du plan profond de la protubérance qui déborde en arrière le plan superficiel. Ce plan est en rapport avec le tronc du nerf facial à son point d'émergence.

e. Plan superficiel de la protubérance intact du côté gauche.

f. Pédoncule cérébral gauche, qui s'engage sous la bandelette optique du même côté *g*.

g. Bandelette optique gauche.

h. Extrémité inférieure du tænia semicircularis, dont l'extrémité vient se terminer dans le renflement du corps strié inférieur *j*.

i. Corps strié inférieur, en dehors duquel se voit l'éventail des fibres de la couronne de Reil coupé à sa racine.

k. Corps strié externe formant le noyau central d'enroulement du cornet pédonculaire.

l. Renflement du corps strié interne que circonscrivent les racines du lobe olfactif, et que nous désignons sous le nom de couche du lobe olfactif.

m. Prolongement de la masse du corps strié externe qui rejoint sur la ligne médiane un prolongement analogue venu du côté opposé et constitue la base du tuber cinereum. Ce prolongement forme une anse qui se confond avec certaines fibres du pédoncule cérébral, et embrasse l'étage inférieur de ces pédoncules. Elle est creusée en une gouttière qui loge la bandelette optique.

n. Éminences mamillaires.

o. Corps genouillé interne du côté gauche.

p. Corps genouillé externe situé sur le prolongement de la racine externe du nerf optique.

p'. Racine externe de ce nerf.

q. Bandelette optique droite, divisée immédiatement au-devant des corps genouillés du même côté.

Fig. 2. Face supérieure du noyau (d'après la préparation). Le corps calleux et l'opercule de la voûte à trois piliers ont été enlevés pour mettre à découvert l'ensemble des corps striés et des couches optiques.

a. Cordons médians postérieurs.

b. Renflements mamelonnés.

c. Corne latérale du quatrième ventricule constituant une gouttière où étaient logés les plexus choroïdes.

dd'. Pédoncules cérébelleux coupés vers la racine du cervelet.

e. Quatrième ventricule ou ventricule du cervelet.

f. Valvule de Vieussens tendue entre les deux pédoncules cérébelleux supérieurs.

g. Tubercules quadrijumeaux postérieurs, désignés sous le nom de *testes*.

k. Tubercules quadrijumeaux antérieurs, désignés sous le nom de *nates*.

l. Corps genouillé externe.

m. Habenæ ou rênes de la glande pinéale bordant la fente de l'étage supérieur du troisième ventricule.

n. Fente qui fait communiquer l'étage supérieur du ventricule intermédiaire avec cette dilatation intermédiaire aux ventricules latéraux, que nous avons désignée sous le nom de vestibule.

o. Corps genouillé antérieur peu saillant dans les singes.

p. Tænia semicircularis.

q. Renflement supérieur du corps strié interne.

r. Extrémité antérieure des cornes frontales des ventricules latéraux séparées l'une de l'autre par le septum lucidum, formé de deux lames dans l'intervalle desquelles se voit une pente qui correspond au méat de Sylvius.

s. Corps strié externe.

tt. L'éventail fibreux, sur l'épanouissement duquel se développent les hémisphères, coupé vers sa racine.

Fig. 3. Face supérieure du corps calleux énucléé avec l'ensemble du noyau cérébral, dans l'homme (d'après M. Foville).

a. Corps strié externe.

b.b. Extrémité antérieure du corps calleux recouvrant les cornes frontales des ventricules latéraux.

c c. Cornes occipitales des ventricules latéraux recouvertes par certaines expansions des fibres postérieures du corps calleux.

d. Nerfs longitudinaux de Lancisi, parcourant d'avant en arrière la vallée médiane du corps calleux.

Fig. 4. Bouton terminal de l'axe gauche vu par sa face externe (dans le Papion).

a. Faisceau antérieur.

b. Pyramide antérieure.

c. Olive.

d. Expansion du faisceau latéral qui se porte vers le corps restiforme et le recouvre.

e. Pyramide postérieure ou corps restiforme.

f. Tubercule cendré de Rolando.

g. Protubérance annulaire.

g'. Trapèze.

h. Pédoncule cérébelleux moyen, divisé vers son point d'implantation dans le cervelet.

i. Tubercule quadrijumeau postérieur gauche.

k. Tubercule quadrijumeau antérieur gauche.

l. Faisceau triangulaire latéral de l'isthme (Cruveilher). Ruban, (Reil). Faisceau olivaire (Tied.)

m. Étage inférieur du pédoncule cérébral.

n. Nerf optique.

o. Corps strié externe occupant le fond du cornet pédonculaire.

p. Expansion des fibres de la commissure antérieure, se mêlant aux rayons postérieurs du cornet de l'éventail pédonculaire.

Fig. 5. Face interne du bouton terminal de l'axe gauche vue du côté inférieur (dans le Papion).

a. Bulbe.

b. Pyramide antérieure.

c. Protubérance.

d. Fibres antéro-postérieures qui sont comprises dans le raphé de l'axe et proviennent de la face postérieure des faisceaux moyens du bulbe ; elles sont l'origine des fibres arciformes.

e. Pyramides pédonculaires séparées l'une de l'autre au point de leur entre-croisement.

f. Fibres du pédoncule supérieur du cervelet qui suivent la distribution de l'une des branches du faisceau postérieur (*g*).

g. Prolongement interne du faisceau postérieur qui se porte vers l'anse du pédoncule (*o*).

i. Racine de la cinquième paire qu'on suit avec le prolongement précédent vers l'anse du pédoncule jusque dans la base du lobe olfactif.

k. Anse du pédoncule.

l. Couche optique dans la région de la commissure molle.

m. Masse des tubercules quadrijumeaux.

n. Aqueduc de Sylvius.

o. Fibres que l'anse du pédoncule envoie dans cette portion de l'éventail qui s'épanouit dans le lobe sphénoïdal.

p. Étage inférieur ou perforant du pédoncule.

q. Étage supérieur ou perforé dont une portion se recourbe vers l'anse du pédoncule.

r. Gouttière profonde de l'anse, d'où la bandelette optique a été détachée.

s. Écorce blanche de la couche optique.

t. Corps strié interne.

u. Commissure antérieure.

v. Fibres antérieures de l'éventail pédonculaire.

Fig. 6. Face externe du bouton terminal de l'axe gauche vue de manière à mieux faire comprendre certains détails de la fig. 4. après l'ablation de la bandelette optique.

a. Bulbe.

b. Pyramide antérieure.

c. Protubérance.

d. Expansion du faisceau latéral qui recouvre les corps restiformes.

e. Cinquième paire.

f. Faisceau triangulaire latéral de l'isthme.

g. Tubercule quadrijumeau postérieur.

h. Fibres postérieures du cornet pédonculaire.

i. Pédoncule cérébral.

j. Anse du pédoncule.

k. Corps genouillé interne.

l. Corps strié externe revêtu par des fibres émanées de l'anse du pédoncule.

m. Commissure antérieure.

m' Ses expansions dans la partie postérieure de l'éventail pédonculaire.

n.n. Éventail pédonculaire divisé vers son point d'implantation dans l'hémisphère.

Fig. 7. Face interne du bouton terminal de l'axe gauche vue d'en haut.

a. Bulbe.

b. Pyramide postérieure coupée.

c.c'. Prolongement du faisceau postérieur qui se porte vers la base du lobe olfactif.

d. Cinquième paire.

d'. Sa racine descendante.

d''. Sa racine ascendante.

e. Faisceaux antérieurs de la protubérance.

f. Faisceau triangulaire latéral de l'isthme.

g. Pédoncule supérieur du cervelet divisé et détaché du cervelet.

h. Face interne de l'axe gauche du côté du raphé.

i. Lieu d'entre-croisement des pyramides pédonculaires.

k. Tubercule quadrijumeau postérieur.

l. Tubercule quadrijumeau antérieur.

m. Commissure molle divisée sur le plan médian.

n. Rêne gauche des habenæ de la glande pinéale.

o. Couche optique.

p. Tænia semicircularis.

q. Corps strié interne.

r. Corps strié externe.

s. Couronne de l'éventail pédonculaire divisée à son point d'implantation dans l'hémisphère.

t. Commissure antérieure.

Fig. 8. Marche des faisceaux médullaires suivie sur la face interne du demi encéphale droit d'un Macaque *(Macacus radiatus)*.

a. Bulbe.

a'a'. Fibres de la face postérieure des faisceaux latéraux qui se portent en avant et en bas dans le raphé du bulbe, et sont l'origine des fibres arciformes.

b. Faisceau postérieur du bulbe détaché.

b'. Prolongement de ce faisceau qui se porte vers le centre de la couche optique.

b''. Dilatation en forme de cupule de ce prolongement qui embrasse le noyau de la couche optique.

c. Fibres qui de l'étage moyen du pédoncule viennent se joindre au système formé par les fibres de la cupule, et forment des anses qui embrassent en avant les pyramides pédonculaires.

d. Couche optique.

e. Faisceau formé par certaines racines de la troisième paire qui remontent vers l'écorce de la couche optique et vers les tubercules quadrijumeaux antérieurs.

f. Bord de l'écorce blanche de la couche optique formant par une fasciculation plus serrée de ses fibres la rêne droite des habenæ de la glande pinéale.

g. Noyau gris central de la couche optique.

k. Pilier droit de la voûte.

l. Commissure antérieure.

m. Lame droite du *septum lucidum*.

n. Genou antérieur du corps calleux.

o. Nerf et bandelette optique.

p. Lobe sphénoïdal.

q. Pédoncule cérébelleux supérieur.

r. Écorce du cervelet.

L. A. Lobe antérieur de l'hémisphère cérébral.

L. P. Lobe postérieur.

PLANCHE VINGT-SIXIÈME.

STRUCTURE DES HÉMISPHÈRES CÉRÉBRAUX D'UN PAPION.

Cette planche représente l'hémisphère cérébral droit d'un Papion disséqué couche par couche, à partir de sa face interne.

Fig. 1. Les couches corticales seules ont été enlevées pour mettre à découvert le système des commissures propres à la face interne de l'hémisphère.

a.a.a. Fibres propres, formant par leur fasciculation l'anneau désigné par M. Foville, sous le nom d'ourlet; elles forment de longues anses dirigées au-dessus du corps calleux de l'extrémité frontale à l'extrémité occipitale de l'hémisphère.

a'. Fibres supérieures de l'ourlet qui se portent vers l'extrémité postérieure de l'hémisphère.

a''. Fibres de l'ourlet qui descendent dans le lobe sphénoïdal jusqu'à sa pointe.

a'''. Fibres inférieures de l'ourlet qui se portent vers l'extrémité occipitale de l'hémisphère.

b. Intervalle qui sépare les fibres indiquées en *a'* de celles désignées en *a'''*, et que ferme au-dessous des couches corticales la membrane propre de la cavité ancyroïde du ventricule latéral.

c.c.c. Corps calleux.

d. Pilier droit de la voûte.

e'. Fibres blanches antéro-postérieures du *septum lucidum*.

f. Corps strié externe.

g. Fibres qui de l'arc supérieur de l'éventail pédonculaire se portent dans le lobe sphénoïdal, et forment une écorce blanche au corps strié externe.

i. Commissure molle.

k.k. Faisceau perforé du pédoncule.

l. Faisceau perforant du pédoncule.

m.m. Bandelette et nerf optiques.

n. Commissure antérieure.

E.F. Extrémité frontale.

E.O. Extrémité occipitale.

E.S. Extrémité sphénoïdale.

C.C.
C.C. } Couches corticales.
C.C.

Fig. 2. Le plan des fibres de l'ourlet a été enlevé pour mettre à découvert le système des expansions que le corps calleux envoie aux divers départements de la face interne de l'hémisphère.

c.c.c. Courbe du corps calleux.

c'.c'.c'.c''. Ses expansions dans le bord supérieur de l'hémisphère.

c''. Branche descendante que le corps calleux envoie au côté interne de l'étage inférieur du ventricule, à la face interne du lobe occipito-sphénoïdal; cette branche est creusée en gouttière du côté de l'ouverture de l'hémisphère.

c'''.c'''. Lèvres de la gouttière, dont l'interne est bordée par un prolongement du pilier droit de la voûte.

c[v]. Cavité de la gouttière destinée à contenir un repli des couches corticales doublées par un plan très-mince de leurs commissures propres; elle correspond à la région antérieure de la scissure des hippocampes.

cc. Division des expansions du corps calleux qui se porte en arrière dans le bord supérieur de l'hémisphère au-dessus de la corne occipitale du ventricule latéral.

cc'. Division de la branche descendante du corps calleux qui se porte en arrière dans le bord inférieur de l'hémisphère au-dessous de la corne occipitale du ventricule latéral Entre cette branche et la précédente, se voit béante la cavité ancyroïde.

d. Pilier droit de la voûte qu'on voit se prolonger en arrière, contourner l'ouverture de l'hémisphère et border la lèvre externe de la gouttière du corps calleux sous le nom de *corps bordant*, *corpus fimbriatum*.

e. — Septum lucidum.

f.— Corps strié externe.

i. — Couche optique.

k.k. Étage perforé du pédoncule.

l. Étage perforant du pédoncule.

m. Bandelette et nerf optiques.

n. Commissure antérieure.

o. Expansion du corps calleux qui revêt en dehors la paroi externe de la cavité ancyroïde, et à laquelle Reil a donné le nom de Tapis.

Fig. 3. La branche descendante du corps calleux a été coupée à sa racine dans cette préparation, et rabattue pour mettre à découvert l'ensemble de la cavité ancyroïde et de l'étage inférieur du ventricule latéral, cette figure permet d'apprécier l'énorme étendue de la corne occipitale du ventricule latéral dans les singes.

c.c.c. Corps calleux.

c''. Sa branche postéro-supérieure.

c'''. Sa branche descendante coupée à sa racine et renversée.

c''. Saillie que forme à l'intérieur, sous le nom de corne d'Ammon ou de pied d'hippocampe, la saillie interne du pli rentrant que loge la gouttière de la branche descendante du corps calleux.

c c'., *c. c.*, } Comme dans la figure précédente.

d. Pilier droit de la voûte.

d'. Division de ce pilier qui se mêle intimement aux fibres du bord ou genou postérieur du corps calleux.

d''. Autre division de ce pilier dont le prolongement constitue le *corpus fimbriatum*.

d'''. Le *corpus fimbriatum*, détaché et rabattu avec la branche descendante du corps calleux.

e. *g*. *i*. *k. k*. *l*. } Ces lettres ont la même signification que dans les figures précédentes.

m. Nerf optique.

m' Racine interne du nerf optique.

m''. Sa racine externe qui présente renflement désigné sous le nom de corps genouillé externe.

n. Commissure antérieure.

o. Expansion des fibres du tapis de Reil.

o' Bord épaissi qui limite cette expansion le long du corps strié.

p. Corps strié vu plus particulièrement dans la région de l'étage inférieur du ventricule latéral.

Fig. 4. Cette préparation est une modification très-simple de celle qui a été représentée fig. 3. Les fibres postérieures du corps calleux (fig. 3, *c''*) ont été enlevées ainsi que ses branches descendantes (fig. 3, *c'''*, c , *cc'*), puis on a soulevé et détaché avec précaution le *tapis* (*oo'* fig. 3) et le tractus gris du corps strié inférieur (*p* fig. 3). Les expansions cérébrales du nerf optique ont été mises de la sorte à découvert dans toute l'étendue de leurs rayonnements postérieurs (1).

m. Nerf optique.

m'. Sa racine interne.

m''. Sa racine externe avec le renflement connu sous le nom de corps genouillé externe.

m'''m'''. Expansions et rayons de cette racine dans l'extrémité postérieure de l'hémisphère et plus particulièrement dans son bord supérieur.

m^{iv}. Rayons antérieurs de cette expansion s'engageant dans les interstices des racines du corps calleux.

Fig. 5. Cette figure représente le même hémisphère après l'ablation du nerf optique et du plan de ses expansions cérébrales.

d. Pilier droit de la voûte coupé.

e. Lame droite du *septum lucidum*.

g. Fibres qui forment au corps strié externe une sorte d'enveloppe exactement appliquée sur lui, et qui ont déjà été indiquées, *g*, fig. 1.

k.k. Faisceau perforé et anse du pédoncule cérébral.

l. Faisceau perforant du pédoncule.

n. Commissure antérieure.

p. Corps strié supérieur interne, mis à découvert par suite de l'ablation d'une partie de la *voûte* et du *septum lucidum*.

q.q.q. Fibres qui du faisceau perforé du pédoncule se portent directement dans l'hémisphère cérébral.

q'. Leurs entre-croisements avec les fibres du corps calleux.

Fig. 6. L'anse du pédoncule a été en partie détruite au point où elle se confond avec le corps strié externe, pour mettre à découvert la commissure antérieure.

n. Commissure antérieure.

n',n',n'. Ses rayonnements dans le bord inférieur de l'hémisphère.

q.q. Plan des fibres du pédoncule qui se rendent directement à l'hémisphère.

r. Corps genouillé interne.

r'. Fibres nées du corps genouillé interne, et qui se mêlent au plan formé par les fibres directes du pédoncule.

(1) J'ai annoncé ces faits dans une note adressée à l'Académie des Sciences, en 1854, et insérée dans ses Comptes rendus, t. XXIX, 1854, p. 274. Depuis cette époque, M. Joseph Swan a publié un travail sur le même sujet, sans toutefois tenir compte du mien. Le mémoire de ce célèbre anatomiste est intitulé : *On the origine of the visual powers of the optic nerve*. London, september 1856. — Je n'ai point à formuler ici une réclamation de priorité, les propositions de M. Swan montrant assez qu'il n'a vu aucun des faits que je signale ici, et qu'il a complétement ignoré les véritables relations du nerf optique. P. G.

PLANCHE VINGT-SEPTIÈME.

STRUCTURE DU CERVEAU DU PAPION (SUITE).

Fig. 1. Cette figure représente la préparation déjà dessinée Pl. XXVI, fig. 6, mais dans une autre attitude de ses parties. Le pédoncule et le noyau terminal ont été soulevés, et la commissure antérieure abaissée. De plus, le plan des fibres directes qui viennent du pédoncule à l'hémisphère, a été en partie détaché et enlevé.

a. Faisceau perforant du pédoncule.

b. Son faisceau perforé.

c. Anse du pédoncule dont le bord antérieur se confond avec la masse du corps strié.

d. Corps strié externe.

e. Corps strié supérieur ou interne.

ff. Corps calleux divisé sur le plan médian de l'encéphale.

*g**. Ses expansions dans le bord supérieur de l'hémisphère.

* Cette lettre a été par erreur remplacée dans la figure par la lettre q.

hh'. Fibres qui se portent directement du noyau de l'axe dans l'hémisphère.

i. Enveloppe fibreuse du corps strié externe.

j. Fibres qui descendent du corps calleux et du bord supérieur du cornet pédonculaire dans les circonvolutions qui sont au-dessous de la scissure de Sylvius.

k. Commissure antérieure.

k'. Ses expansions dans les parties postérieures de l'hémisphère.

EF. Extrémité frontale.

EO. Extrémité occipitale.

Fig. 2. Cette préparation est destinée à montrer la distribution simultanée des fibres directes de la couronne Reil ou du cornet pédonculaire, et de celles du corps calleux, dans tous les plis de la face externe de l'hémisphère.

a. Faisceau perforant du pédoncule.

b. Faisceau perforé.

c. Corps strié externe.

d. Corps strié interne ou supérieur.

e. Fibres du pédoncule qui composent l'éventail du cornet pédonculaire.

f. Plan qui de cet éventail se porte dans le corps calleux au côté opposé du cerveau.

g. Plan qui du côté opposé de l'axe se porte par le corps calleux dans le bord supérieur de l'hémisphère droit.

g^{I}, g^{II}, g^{III}, g^{IV}, g^{V}, g^{VI}. Lames fibreuses qui du côté opposé de l'axe se portent par le corps calleux à tous les étages de plis qui occupent la face externe de l'hémisphère.

i, i^{I}, i^{II}. Faisceaux qui de l'éventail pédonculaire se portent directement dans tous les étages de plis qui occupent la face externe de l'hémisphère et alternent avec les faisceaux du système précédent.

k, *k*, *k*. Commissures propres doublant immédiatement les couches corticales.

l. Décussation des fibres du corps calleux avec les fibres directes.

Fig. 3. Cette figure représente la face inférieure du cerveau d'un Papion. A droite l'étage du ventricule latéral a été ouvert, pour montrer les rapports du nerf optique avec ce ventricule. A gauche le vermis latéral du cervelet a été détaché pour mettre en évidence ses véritables relations.

a. Faisceaux antérieurs du bulbe.

b. Pyramides antérieures.

c. Olive.

d. Trapèze.

e. Plan superficiel de la protubérance.

f. Pédoncule cérébral.

g. *Tuber cinereum* et éminences mamillaires.

h. Chiasma du nerf optique.

i. Couches du nerf olfactif ou *Insula*.

j. Commissure entre le lobe sphénoïdal et le lobe olfactif, désignée par les auteurs sous le nom de racine externe.

k. Commissure entre les plis internes inférieurs de l'hémisphère et le lobe olfactif, ou racine interne de ce lobe.

l. Bulbe ou coiffe du lobe olfactif.

m. Face inférieure du lobule orbitaire décortiquée, pour montrer les plans superficiels de ses commissures propres.

n. Extrémité du lobe unciforme du lobe sphénoïdal.

o. Bandelette optique.

p. Corps strié inférieur.

q. *Tænia semicircularis*.

r. Racine interne du nerf optique.

s. Racine externe du nerf optique et corps genouillé externe.

t. Écorce propre de la couche optique.

u. Corps genouillé interne.

v. Lobule auriculaire.

x. Repli interne du vermis latéral.

y. Repli externe du même vermis.

z. Corps du cervelet latéral.

α. Vermis latéral gauche détaché et rabattu.

β. Gouttière qui logeait la racine du vermis latéral.

γ. Plis et feuilles du lobe latéral en relation avec les fibres du pont de Varole.

Fig. 4. Cette figure est destinée à montrer la succession des différents plans fibreux qui composent l'hémisphère disséqué de sa base à sa face supérieure.

a. Faisceau perforé du pédoncule.

b. Son faisceau perforant.

c. Nerf optique soulevé et détaché de la gouttière de l'anse.

c'. Corps genouillé externe.

d. Tapis de Reil détaché et soulevé.

e. Plan des racines cérébrales du nerf optique.

f. Corps genouillé interne.

f'. Plan fibreux qui du corps genouillé interne se porte dans le bord supérieur de l'hémisphère.

g. Plan des fibres directes des expansions pédonculaires.

h. Gouttière de l'anse dans laquelle était logée la bandelette optique.

i. Commissure antérieure.

j. Commissures propres.

k. Fibres de l'enveloppe externe du corps strié externe.

l. Commissures propres du lobule orbitaire.

m. Faisceau de l'éventail pédonculaire séparant le corps strié interne du corps strié externe.

n. Corps strié interne.

n'. Corps strié externe.

o. Nerf optique gauche.

p. p. Commissure propre, étendue de la pointe du lobe occipital à celle du lobe sphénoïdal.

q. Expansion des fibres de l'ourlet.

r. Commissures propres.

s. Corps genouillé externe gauche.

t. Corps genouillé interne gauche.

u. Commissures propres.

v. Anneau des fibres de l'ourlet.

x. *Corpus fimbriatum*.

y. Genou postérieur du corps calleux.

Fig. 5. Coupe verticale du cerveau du Papion, pratiquée en travers au-devant des lobes sphénoïdaux pour montrer plus particulièrement les entre-croisements qui constituent le corps calleux.

a. Protubérance.

b. Chiasma.

c. *c*. Lobes sphénoïdaux.

d. Corps strié externe.

e. Corps strié interne.

f. Rayons antérieurs de l'éventail pédonculaire tranchés.

g. Plan de fibres qui revêt extérieurement le corps strié.

h. Portion du noyau blanc de l'hémisphère, mise à découvert par la coupe qui a été pratiquée.

i. Ventricule latéral.

k. Lame droite du *septum* avec ses deux feuillets composants.

l. Méat de Sylvius.

m. Faisceau de fibres qui par le corps calleux vient de la moitié droite de l'axe à l'hémisphère gauche.

n. Faisceau qui du côté gauche de l'axe se porte à l'hémisphère droit.

o. Racine de l'un de ces faisceaux.

Fig. 6. Ensemble des expansions cérébrales du nerf optique dans le Saï Capucin.

a. Bulbe.

b. *c*. Olives.

d. Trapèze.

e. Protubérance annulaire.

f. *f*. Pédoncules cérébraux.

f'. Prolongement des fibres du pédoncule constituant l'éventail pédonculaire.

f''. Enveloppe externe du corps strié externe qui a été énucléé.

g. Fibres radiculaires du corps calleux.

g'. Partie moyenne du corps calleux.

h. Chiasma des nerfs optiques.

i. Racine externe de ces nerfs.

j. Racine interne des mêmes nerfs.

k. Corps genouillé externe.

l. Expansion du nerf optique dans l'hémisphère droit.

m. *m*. Plan des fibres directes du pédoncule.

m'. Ses relations avec l'anse du pédoncule.

n. Petit noyau gris qui se confond avec le corps strié externe.

o. Commissure antérieure.

PLANCHE VINGT-HUITIÈME.

Fig. 1. Face supérieure du cervelet d'un enfant nouveau-né.

a. a. a. a. b. Lobules qui composent le lobe antéro-supérieur de Reil ou corps du cervelet moyen.

c. Lobe semilunaire ou postéro supérieur.

d. Monticule du cervelet médian.

e. e. Amygdales.

Fig. 2. Face postérieure du même cervelet.

a. Lobe antéro-supérieur ou corps du cervelet moyen.

b. Lobe semi-lunaire.

c. Lobe postéro-inférieur.

d. Lobes grêles.

e. Lobes digastriques.

f. Amygdales.

g. Vermis du cervelet moyen.

Fig. 3. Face antérieure du même cervelet.

a. Bord antérieur du cervelet moyen.

b. Lobe semi-lunaire.

c. Lobe postéro-inférieur.

d. Lobes grêles.

e. Lobe digastrique confondu avec le bord antérieur de l'amygdale.

Fig. 4. Face antérieure du même cervelet après l'ablation de la protubérance et du bulbe.

a. Lobule central compris dans l'échancrure semi-lunaire.

b. Bord antérieur du cervelet moyen.

c. Lobe semi-lunaire commençant la série des lobules du corps du cervelet latéral.

d. Amygdales.

e. Touffe.

f. Section des pédoncules cérébelleu

g. Luette du vermis médian.

Fig. 5. Cervelet du Papion vu de profil.

Le plan superficiel de la protubérance a été enlevé avec le cervelet latéral, pour montrer la relation de ses plans profonds avec le cervelet moyen.

a. Plans superficiels de la protubérance.

b. Ses plans profonds.

c. Lobes qui composent le corps du cervelet médian.

d. Appendice auriculaire du vermis latéral.

d'. Masse du vermis latéral.

e. Bulbe.

f. Pédoncule cérébral.

Fig. 6. Même cervelet; les plans profonds de la protubérance et leurs expansions dans le cervelet moyen ont été à leur tour enlevés.

a. Protubérance annulaire.

b. Corps restiforme, ses expansions dans le corps du cervelet moyen. On le voit se contourner autour d'une sorte de noyau désigné en c'.

b'. Terminaison du corps restiforme dans le vermis latéral.

c. Pédoncule supérieur du cervelet.

c'. Fibres de ce pédoncule embrassant l'olive du cervelet.

d. Vermis latéral.

Fig. 7. Même cervelet. Le corps restiforme a été en partie coupé, pour montrer l'ensemble du pédoncule supérieur du cervelet.

a. Protubérance.

b. Expansions du corps restiforme dans le cervelet moyen.

b'. Leurs prolongements dans le vermis latéral.

c. Pédoncule supérieur du cervelet.

c'. Fibres de ce pédoncule qui enveloppent l'olive du cervelet.

d. Vermis latéral.

Fig. 8. Cervelet d'un fœtus humain d'environ dix-sept semaines, vu par sa face postérieure.

Cette figure est destinée à faire mieux comprendre les propositions indiquées, t. II, p. 239.

a. Vermis médian chargé de plis.

b. Cervelets latéraux encore absolument lisses.

c. Amygdales.

d. Lame qui unit à la touffe la luette du vermis médian.

e. Lobes latéraux des plexus choroïdes du quatrième ventricule.

f. Ouverture postérieure du quatrième ventricule.

Fig. 9. Même cervelet. Face postérieure, vue d'en haut.

a. Corps du cervelet moyen chargé de plis.

b. Corps des cervelets latéraux, encore lisses à cette époque.

Amygdale.

d. Valvule transversale du quatrième ventricule.

e. Plexus choroïde du quatrième ventricule.

Fig. 10. Cervelet d'un fœtus humain âgé d'environ vingt-quatre semaines, vu par sa face antérieure.

Fig. 11. Face postérieure du même cervelet, vu d'en bas.

Fig. 12. Profil du même cervelet.

Fig. 13. Face postérieure du même, vue d'en haut.

Fig. 14. Sa face antérieure ou inférieure après l'ablation de la protubérance et du bulbe. Toutes ces figures font voir que, dès cette époque, le cervelet, malgré sa petitesse, présente déjà des plis sur toute sa surface.

Fig. 15. Profil du cervelet de l'Atele Belzébuth.

a. Cervelet médian et son vermis.

b. Corps du cervelet latéral.

c. Branche antérieure du vermis latéral.

d. Sa branche externe portant un énorme lobule auriculaire.

e. Lobule auriculaire énorme dans les singes américains.

Fig. 16. Profil du cervelet d'un Macaque. *(Macacus radiatus)*.

a. Cervelet médian.

a'. Son vermis.

b. Corps du cervelet latéral.

c et *d*. Son vermis.

e. Lobule auriculaire.

Fig. 17. Face postérieure du cervelet de l'Hypsprymnus murinus.

a. Corps du cervelet médian, moins épais que son vermis.

b. Cervelet latéral.

c. Son vermis.

Fig. 18. Profil du même cervelet.

Les lettres ont la même signification que dans la figure précédente.

Fig. 19. Face postérieure du cervelet d'un Éléphant d'Afrique.

a. Vermis moyen très-réduit.

b. Cervelets latéraux énormes et chargés de plis.

Fig. 20. Cervelet du lapin *(Lepus cuniculus)*, vu en arrière et d'en haut.

a. Cervelet médian, dans la portion qui correspond à l'échancrure semilunaire.

a'. Lobe antero-supérieur.

b. Lobe postero-supérieur.

c. Corps du cervelet latéral.

d et *d'*. Vermis latéraux.

Fig. 21. Même cervelet. Face postérieure vue d'en bas.

a. *a'*. Vermis médian énorme.

b. Corps du cervelet latéral très-réduit.

c. Vermis latéral.

PLANCHE VINGT-NEUVIÈME.

Cette planche représente le développement du cerveau humain à partir du milieu du troisième mois. Elle a surtout pour objet de faire comprendre l'ordre spécial, suivant lequel apparaissent les circonvolutions.

Fig. 1. Fœtus d'environ deux mois et demi, donné par M. le Dr J. Lemaire; cerveau vu en arrière.

C. C. Lobes latéraux du cervelet séparés par une dépression médiane et semblable à une lèvre supérieure recouvrant le rictus du quatrième ventricule.

N. G. Noyau gengival de cette lèvre.

V. N. Quatrième ventricule, semblable à un large rictus.

L. O. Lobes optiques encore à découvert, et sur lesquels on n'aperçoit aucun indice de division transversale.

H. C. Hémisphères cérébraux, semblables encore à deux vésicules creuses.

Fig. 2. Profil du cerveau d'un fœtus de vache, représenté à une époque où les hémisphères cérébraux ne recouvraient point encore les lobes optiques.

B. Bulbe.

C. Cervelet déjà couvert de plis.

L. O. Lobes optiques divisés en quatre tubercules.

P. Pédoncule cérébral déjà bien formé.

C. P. Masse grise de l'infundibulum.

H. C. Hémisphère cérébral présentant déjà quelques gros plis dans l'ensemble desquels se reconnaissent certains caractères définitifs de l'âge adulte.

L. OL. Lobe olfactif gauche, très-grand.

N.B. On peut remarquer que les courbures primitives de l'axe sont complétement effacées.

Fig. 3. Profil du cerveau déjà représenté fig. 1, les hémisphères ne recouvrent point les lobes optiques.

B. Bulbe.

V. N. Quatrième ventricule et commissure gauche du rictus.

C. Cervelet encore absolument lisse.

L. O. Lobes optiques qui ne présentent encore aucune trace de leur séparation future en quatre tubercules.

L. OL. Lobe olfactif gauche assez peu développé bien que plus grand relativement que dans l'âge adulte.

H. C. Hémisphère cérébral vésiculaire dont la surface est encore complétement lisse.

N.B. Il est évident qu'à cet âge les courbures primitives de l'axe subsistent encore.

Fig. 4. Cerveau d'un fœtus âgé d'environ 14 semaines (face inférieure), donné par M. le Dr Alix.

B. Bulbe. Les pyramides y sont bien apparentes.

P. V. Pont de Varole, encore fort étroit à cette époque, mais toutefois n'offrant aucune trace de Trapèze.

C. Lobes latéraux du cervelet déjà assez renflés, mais complétement lisses. Ils sont bordés en dedans par une lame blanche sur laquelle apparaîtra plus tard le vermis latéral.

P. C. Pédoncules cérébraux dans l'intervalle desquels se distinguent d'arrière en avant les éminences mammillaires, le tuber cineréum et les nerfs optiques.

H. C.—H. C. Hémisphères cérébraux déjà nettement divisés en deux masses, l'une correspondant au lobe frontal, l'autre au lobe sphénoïdal.

Fig. 5. Profil du même cerveau.

B. Bulbe.
C. Grand lobe latéral du cervelet.
L. O. Lobes optiques.
C. P. Masse grise de l'infundibulum.
N. OL. Lobe olfactif.
H. C. Hémisphère cérébral où se remarquent déjà quelques indices d'une fosse de Sylvius.

N.B. Les courbures primitives de l'axe sont encore apparentes mais s'effacent manifestement.

Fig. 6. Face supérieure du même cerveau.

B. Bulbe.
V. N. Ouverture du quatrième ventricule, déjà fort rétrécie.
C. Parties latérales du cervelet, séparées par un sillon médian où ne se voit encore aucune trace de vermis.
L. O. Lobes optiques nettement séparés en deux masses latérales par un sillon médian.
H. C. Hémisphères cérébraux encore vésiculeux mais ayant acquis une amplitude remarquable.

Fig. 7. Cerveau d'un fœtus âgé d'environ quatre mois et demi (donné par M. le Dr Ricard de Morgny).

B. Bulbe où les pyramides et les olives sont fort apparentes.
OL. Olives.
P. CH. Lobes latéraux des plexus choroïdes du quatrième ventricule.
C. Cervelet latéral, encore entièrement lisse.
L. A. Vermis latéral, rudimentaire.
P. V. Pont de Varole, parfaitement développé.
P. C. Pédoncule cérébral.
N. OP. Nerfs optiques très-grêles.
L. OL. Lobes olfactifs qu'on voit manifestement n'être qu'un prolongement de l'hémisphère.
E. F. Extrémité frontale du cerveau.
E. O. Son extrémité occipitale.

Fig. 8. Profil du même cerveau.

B. Bulbe.
C. Cervelet latéral, parfaitement lisse.
C. M. Cervelet moyen, déjà couvert de plis.
L. A. Vermis latéral.
P. V. Pont de Varole.
L. O. Lobes optiques déjà divisés en quatre tubercules.
E. F. Extrémité frontale de l'hémisphère.
E. O. Son extrémité occipitale.
L. S. Lobe sphénoïdal.
F. S. Fosse de Sylvius, largement béante.
P. P. I. Légères fossettes vues en raccourci et qui distingueront plus tard les plis inférieurs de passage.

N.B. On peut remarquer que ce cerveau, bien qu'à peu près lisse, a déjà recouvert et dépassé en arrière les lobes optiques et le cervelet. D'ailleurs, les caractères principaux de la forme définitive sont déja acquis.

Fig. 9. Face supérieure du même cerveau.

E. F. Extrémité frontale de l'hémisphère.
E. O. Son extrémité occipitale.

N.B. On remarque déjà quelques traces de plis sur l'extrémité frontale. D'ailleurs, les lobes frontaux sont dépassés à droite et à gauche par les lobes sphénoïdaux, dont la prédominance est encore sensible au moment de la naissance.

Fig. 10. Profil du cerveau d'un fœtus âgé de cinq mois et demi environ (donné par M. de Lintilhiac).

B. Bulbe.
OL. Olive.
L. A. Vermis latéral.

C. M. Cervelet moyen déjà riche en plis.

C. L. Cervelet latéral sur lequel apparaissent de gros plis bien distincts.

E. F. Extrémité frontale de l'hémisphère.

E. O. Son extrémité occipitale.

L. Sph. Lobe sphénoïdal.

F. S. Fosse de Sylvius largement béante.

SC. R. Scissure ou sillon de Rolando.

N.B. Des plis apparents existent sur l'extrémité frontale, mais il n'y a encore aucune trace de scissure parallèle. Le lobe temporo-sphénoïdal ne présente que des piquetures irrégulières qui n'ont point encore le caractère de plis.
Une autre remarque importante est que tandis que le cerveau l'emporte énormément sur le cervelet par sa grandeur relative, celui-ci l'emporte à son tour par le degré de développement des détails de sa surface.

Fig. 11. Profil du cerveau d'un Saïmiri adulte.

E. F. Extrémité frontale de l'hémisphère sur laquelle se voient à peine quelques indices de plis.

E. O. Extrémité occipitale.

S. S. Scissure de Sylvius fermée par le rapprochement de ses lèvres.

SC. P. Scissure parallèle, longue et profonde.

L. A. Lobule auriculaire du cervelet.

Fig. 12. Face supérieure du même cerveau.

E. F. Extrémité frontale de l'hémisphère.

E. O. Son extrémité occipitale.

S. R. Sillon de Rolando en vestige.

SC. S. Scissure de Sylvius.

SC. P. Scissure parallèle.

P. P. Plis de passage indiqués par la présence d'un sillon.

Fig. 13. Face inférieure du cerveau d'un fœtus âgé d'environ six mois (donné par M. Ricard de Morgny).

E. F. Extrémité frontale de l'hémisphère.

E. O. Extrémité occipitale.

OL. Olive.

P. A. Pyramide antérieure.

P. V. Pont de Varole.

P. C. Pédoncule cérébral.

N. O. Nerf optique.

C. L. Cervelet latéral.

C. A. Cervelet antérieur.

L. C. Lobe central.

SC. S. Scissure de Sylvius.

N. OL. Lobe ou nerf olfactif.

SC. T. Scissure transverse séparant le lobule orbitaire d'avec le lobule frontal.

Fig. 14. Profil du même cerveau.

E. F. Extrémité frontale de l'hémisphère.

E. O. Extrémité occipitale.

L. SPH. Lobe sphénoïdal.

SC. S. Scissure de Sylvius encore largement béante.

S. R. Sillon de Rolando, très-profond.

F. S. Pli frontal supérieur.

P. F. A. Pli frontal ascendant.

P. P. A. Pli pariétal ascendant.

P. C. Pli courbe.

N.B. Les plis des régions inférieures à la scissure de Sylvius sont encore rudimentaires. La scissure parallèle est à peine indiquée. Il est remarquable que les plis se développent ainsi autour d'une fosse de Sylvius encore béante.

Fig. 15. Face supérieure du même cerveau.

E. F. Extrémité frontale de l'hémisphère.

E. O. Extrémité occipitale.

S. R. Sillon de Rolando.

SC. S. Scissure de Sylvius.

P. C. Pli courbe.

PLANCHE TRENTIÈME.

DÉVELOPPEMENT ET STRUCTURE DU CERVEAU DU FOETUS.

Fig. 1. Face inférieure du cerveau d'un fœtus âgé d'environ six mois et demi (donné par M. de Lintilhiac).

E. F. Extrémité frontale de l'hémisphère.
E. O. Extrémité occipitale.
SC. T. Scissure transverse.
SC. S. Scissure de Sylvius.
B. Bulbe.
CL. Cervelet latéral.
T. Touffe.
P. V. Pont de Varole.
P. C. Pédoncule cérébral.
E. M. Éminences mamillaires.
C. P. Tuber cinereum et base du corps pituitaire.
L. SPH. Lobe sphénoïdal.
N. OP. Nerfs optiques.

Fig. 2. Profil du même cerveau.

E. F. Extrémité frontale de l'hémisphère.
E. O. Extrémité occipitale.
L. OL. Lobe olfactif.
SC. S. Scissure de Sylvius encore béante vers son angle antérieur.
S. R. Sillon de Rolando.
P. F. A. Pli frontal ascendant.
P. P. A. Pli pariétal ascendant.
L. P. P. A. Lobule du pli pariétal ascendant.
P. C. Pli courbe.
SC. P. Indication de la scissure parallèle.
B. Bulbe.
OL. Olive.
CL. Cervelet latéral.
T. Touffe.

Fig. 3. Face supérieure du même cerveau.

E. F. Extrémité frontale.
E. O. Extrémité occipitale.
P. F. A. Pli frontal ascendant.
P. P. A. Pli pariétal ascendant.
L. Lobule du pli pariétal ascendant.
P. C. Pli courbe qu'on voit communiquer avec le sommet du lobe occipital par l'intermédiaire d'un large pli de passage.

Fig. 4. Face interne de l'encéphale, déjà figuré Pl. XXIX, fig. 1.

C. M. Commissure molle dont les deux moitiés n'étaient pas encore réunies sur le plan médian du cerveau.

Cette figure fait bien apercevoir les courbures successives du ventricule médian. La commissure antérieure est déjà bien apparente, mais on n'aperçoit encore aucune trace du corps calleux.

Fig. 5. Même cerveau dans lequel la cavité vésiculaire du ventricule latéral a été mise à découvert par l'ablation de sa paroi interne.

C. Cervelet au-dessous duquel se voit le quatrième ventricule.
L. OP. Lobes optiques vésiculeux et sous lesquels se voit un large ventricule.
C. M. Commissure molle dont les deux moitiés n'étaient point encore réunies l'une à l'autre. On voit au-dessous d'elle la large cavité de l'infundibulum.

C. S. Corps strié très-grêle à cette époque.

V. Ventricule latéral que remplissait un plexus choroïde énorme. Des plis rayonnants des couches corticales font saillie dans son intérieur, que revêt une couche grise très-épaisse.

Fig. 6. Face interne de l'un des hémisphères du cerveau représenté Pl. XXIX, fig. 5.

C. Cervelet.

L. OP. Lobes optiques.

C. M. Commissure molle formée de deux moitiés non encore réunies.

C. C. Rudiment originel du corps calleux.

Fig. 7. Même cerveau dans lequel l'ensemble du ventricule latéral a été mis à découvert.

C. Cervelet.

L. OP. Lobes optiques.

C. M. Commissure molle au-dessus de laquelle la couche optique fait une grande saillie.

C. S. Corps strié.

+ + + Plis de la paroi grise du ventricule latéral.

Les figures suivantes représentent quelques points de la structure du cerveau d'un fœtus humain âgé d'environ six mois.

Fig. 8. Face interne du demi-encéphale d'un fœtus humain.

C. Cervelet.

V. Quatrième ventricule.

P. V. Pont de Varole.

L. OP. Lobes optiques.

C. M. Demi-commissure molle réunie dès avant cette époque à la demi-commissure du côté opposé.

IN. Infundibulum.

N. O. Nerf optique.

C. A. Commissure antérieure.

C. O. Couche optique.

S. L. Septum lucidum.

G. P. Glande pinéale.

C. C. Corps calleux.

E. F. Extrémité frontale de l hémisphère.

E. O. Extrémité occipitale.

L. SPH. Extrémité sphénoïdale.

+ + + Extrémité postérieure de la scissure des hippocampes, comprenant dans sa bifurcation le lobe triangulaire.

N. OL. Nerf ou lobe olfactif.

Fig. 9. Cette figure montre l'expansion des fibres de l'ourlet. Cf. Pl. XXVI, fig. 1.

E. F. Extrémité frontale de l'hémisphère.

E. O. Son extrémité occipitale.

L. SPH. Lobe sphénoïdal.

CC., CC., CC., CC., CC.. Couches corticales.

C., C. Corps calleux.

+ + + + Anneau formé par les fibres de l'ourlet.

Fig. 10. Expansions du corps calleux dans l'hémisphère. Cf. Pl. XXVI, fig. 2.

E. F. Extrémité frontale de l'hémisphère.

E. O. Son extrémité occipitale.

C. C., C. C., Couches corticales.

C., C. Corps calleux.

G. Gouttière de la branche descendante du corps calleux.

* * * * * Expansions du corps calleux dans l'hémisphère; on voit qu'elles ne sont point interrompues au niveau de la cavité ancyroïde, ainsi que cela a lieu dans les singes.

Fig. 11. Expansions cérébrales du nerf optique. Cf. Pl. XXVI, fig. 4.

N. OP. Nerf optique très-grêle.

C. G. Corps genouillé externe.

+ + + Expansions du nerf optique dans l'hémisphère.

Fig. 12. Coupe médiane du cerveau du Kanguroo de Bennett.

C. C. et V. Corps calleux très-court et voûte.

C. A. Commissure antérieure énorme.

C. M. Commissure molle.

V. S. Ventricule des tubercules quadrijumeaux offrant une large dilatation.

V. Étage inférieur du ventricule latéral.

N. OP. Nerf optique.

C. Cervelet.

L. O. Lobe olfactif.

Fig. 13. Hémisphère d'un Kanguroo de Bennett, préparé pour montrer les origines du nerf optique.

H. H. Hémisphère.

L. OP. Tubercules quadrijumeaux postérieurs.

L. OP'. Tubercules quadrijumeaux antérieurs.

C. G. Corps genouillé interne.

+ Corps genouillé externe.

N. OP. Nerf optique qu'on voit se jeter en entier dans les tubercules quadrijumeaux, en sorte qu'il n'a pas de racine cérébrale directe.

PLANCHE TRENTE ET UNIÈME.

CERVEAU DU FOETUS ET DE L'ENFANT NOUVEAU-NÉ.

Fig. 1. Cerveau d'un fœtus humain d'environ sept mois, vu de profil.

E. F. Extrémité frontale.

E. O. Extrémité occipitale.

L. O. Lobe olfactif.

L. SPH. Lobe sphénoïdal.

SC. S. Scissure de Sylvius, encore béante malgré l'affaissement de la masse cérébrale.

S. R. Sillon de Rolando.

P. F. A. Pli frontal ascendant.

P. P. A. Pli pariétal ascendant.

L. P. P. A. Lobule du pli pariétal ascendant.

P. C. Pli courbe communiquant avec le sommet du lobe occipital par un large pli de passage.

1° Étage inférieur du lobule frontal ou pli orbitaire.

2° Étage moyen du même lobule.

3° Son étage supérieur.

N.B. On doit remarquer que la scissure parallèle n'est point nettement dessinée sur le lobe occipito-sphénoïdal.

Fig. 2. Face supérieure du même cerveau.

E. F. Extrémité frontale.

E. O. Extrémité occipitale.

P. F. A. Pli frontal ascendant.

P. P. A. Pli pariétal ascendant.

L. P. P. A. Lobule du pli pariétal ascendant.

P. P. Pli supérieur de passage.

P. C. Pli courbe avec le pli de passage qui l'unit au lobe occipital.

C. O. Lobe occipital.

2. Étage moyen du lobule frontal.

3. Étage supérieur du même lobule.

Fig. 3. Profil du cerveau d'un enfant à terme.

B. Bulbe.

OL. Olive.

C. Masse du cervelet latéral.

C'. Cervelet moyen.

C''. Touffe.

P. V. Pont de Varole.

E. F. Extrémité frontale de l'hémisphère.

E. O. Son extrémité occipitale.

L. SPH. Extrémité du lobe sphénoïdal.

L. O. Lobe olfactif.

SC. S. Scissure de Sylvius encore béante vers son angle antérieur.

P. F. A. Pli frontal ascendant.

P. P. A. Pli pariétal ascendant.

P. P. S. Lobule du pli pariétal ascendant, et pli supérieur de passage.

P. P'. Pli de passage passant du sommet du pli courbe au sommet du lobe occipital.

P. C. P. C. Pli courbe.

P. M. I. Pli marginal inférieur.

S. P. Scissure parallèle.

1. Étage inférieur du lobule frontal.

2. Son étage moyen.

3. Son étage supérieur.

Fig. 4. Profil de l'hémisphère droit du même cerveau vu du côté de sa face interne.

P. P. Pyramides postérieures du bulbe.

P. V. Pont de Varole.

V. N. Quatrième ventricule.

F. P. Faisceau postérieur se prolongeant vers le cerveau.

L. L. Masse du cervelet latéral.

A. V. Arbre de vie.

L. OP. Lobes optiques.

H. Habenæ de la glande pinéale.

C. O. Couche optique.

C. M. Commissure molle.

V. I., V. I. Troisième ventricule, ou ventricule intermédiaire, enroulé autour de la commissure molle.

I. Infundibulum.

C. P. Corps pituitaire.

N. OP. Nerf optique.

C. A. Commissure antérieure.

P. A. Pilier droit de la voûte.

S. L. Septum lucidum.

C. C. Corps calleux.

P. C. C. Pli du corps calleux recouvrant le ruban fibreux de l'ourlet.

E. S. I. Étage frontal supérieur interne.

L. Q. Lobule quadrilatère.

L. T. Lobule triangulaire.

L. O. Lobe olfactif.

Fig. 5. Face inférieure du même cerveau.

B. Bulbe.

P. A. Pyramide antérieure.

OL. Olive.

P. V. Pont de Varole.

E. M. Éminences mamillaires.

N. OP. Nerfs optiques.

L. OL. Lobes olfactifs.

C. L. Cervelet latéral.

C. M. Cervelet moyen.

V. M. Vermis moyen.

T. Touffe.

L. SPH. Lobe sphénoïdal.

P. L. O. Pli du lobule orbitaire.

Fig. 6. Face supérieure du même cerveau.

E. F. Extrémité frontale.

E. O. Extrémité occipitale.

P. F. A. Pli frontal ascendant.

P. P. A. Pli pariétal ascendant.

SC. P. Scissure parallèle.

L. P. P. A. Lobule du pli pariétal ascendant.

1. Étage inférieur du lobule frontal.

2. Étage moyen.

3. Étage supérieur (1).

(1) L'ensemble de ces figures montre qu'à la naissance le système des plis cérébraux est complet.

PLANCHE TRENTE-DEUXIÈME.

CERVEAU D'UN MICROCÉPHALE HUMAIN AGÉ DE QUATRE ANS.

Ce curieux cerveau, que je tiens de la généreuse amitié de M. Giraldès, manquait naturellement de symétrie. Je dois ajouter qu'il s'était affaissé dans le liquide conservateur. Malgré cet inconvénient il présente un véritable intérêt.

Fig. 1. Face supérieure.

C. Bulbe.

C. G. Cervelet latéral gauche engagé entre les deux hémisphères.

C. D. Cervelet latéral droit.

V. Vermis.

L. O., L. O., L. O., Lobes occipitaux atrophiés et ne recouvrant qu'incomplétement le cervelet.

S. R. Sillon de Rolando.

S. S. Scissure de Sylvius.

S. P. Scissure parallèle.

P. F. A. Pli frontal ascendant.

P. P. A. Pli pariétal ascendant.

L. P. P. A. Lobule atrophié du pli pariétal ascendant.

P. C. Pli courbe.

1. Pli supérieur de passage.

2. Deuxième pli de passage (*superficiel*).

M. Étage moyen du lobe frontal.

F. F. Étage supérieur divisé en deux plis.

Fig. 2. Profil du même cerveau.

B. Bulbe.

O. Olive.

P. V. Pont de Varole.

C. G. Cervelet latéral gauche.

SC. C. Grande scissure médiane du cerveau.

S. S. Scissure de Sylvius largement béante.

P. F. A. Pli frontal ascendant.

S. R. Sillon de Rolando.

P. P. A. Pli pariétal ascendant.

L. P. P. A. Lobule du pli pariétal ascendant.

1., 2., 3., 4. Les quatre plis de passage, tous superficiels.

S. S'. Scissure parallèle.

P. O. Étage inférieur du lobe frontal.

E. M. Étage moyen du même lobe.

F., F. Étage supérieur.

N. B. Parmi les faits les plus remarquables que présente ce cerveau, je signalerai surtout l'existence simultanée de quatre plis de passage, tous superficiels, en sorte qu'au milieu de l'atrophie générale de ce cerveau, il ne rappelle point le cerveau des singes, et conserve ses caractères humains.

Fig. 3. Face inférieure du même cerveau.

P. A. Pyramides antérieures du bulbe.

O. O. Olives.

P. P. V. Propont.

PV. PV. Pont de Varole.

C. G. Cervelet gauche.

C. D. Cervelet droit.

L. A. Touffe.

P. C. Pédoncule cérébral.

3me P. Troisième paire.

É. M. Éminences mamillaires énormes.

C. P. Tuber cinereum.

B. OP. Bandelette optique.

N. OP. Chiasma des nerfs optiques.

IN. Champ olfactif.

N. OL. Lobes olfactifs.

L. O. Lobes orbitaires.

L. C. Lobe central à découvert au centre d'une fosse de Sylvius largement béante.

L. S. Lobe sphénoïdal.

C. G. Corps godronné énorme et complétement à découvert.

C. B. Corps bordant également à découvert.

Fig. 4. Coupe médiane du même cerveau, face interne de l'hémisphère gauche.

C. Cervelet.

IV. V. Quatrième ventricule.

L. O. Lobes optiques.

E. M. Éminences mamillaires.

C. P. Infundibulum.

C. A. Commissure antérieure très-grêle.

C. M. Commissure molle dont les deux moitiés ne s'étaient point réunies sur le plan médian.

S. L. Septum lucidum.

C. C. Corps calleux très-mince en général, mais surtout en arrière où il a à peine l'épaisseur d'une feuille de papier.

Fig. 5. Face interne du même hémisphère. Le cervelet a été détaché pour mieux en découvrir l'ensemble.

E. D. Extrémité occipitale.

E. F. Extrémité frontale.

P. F. S. I. Pli frontal supérieur interne.

P. C. C. —PC. Pli du corps calleux.

P. V'. Extrémité et lobule du pli unciforme.

C. C. Corps calleux.

S. L. Septum lucidum.

C. M. Commissure molle.

P. V̂. Pilier postérieur de la voûte.

C. E. Corps bordant.

C. G. Corps ou pli godronné.

FIN DE L'EXPLICATION DES PLANCHES.

Paris. — Imprimerie P.-A. Bourdier et Cie, 30, rue Mazarine.

SYSTÈME NERVEUX DES ANIMAUX INVERTÉBRÉS.

Pl. I.

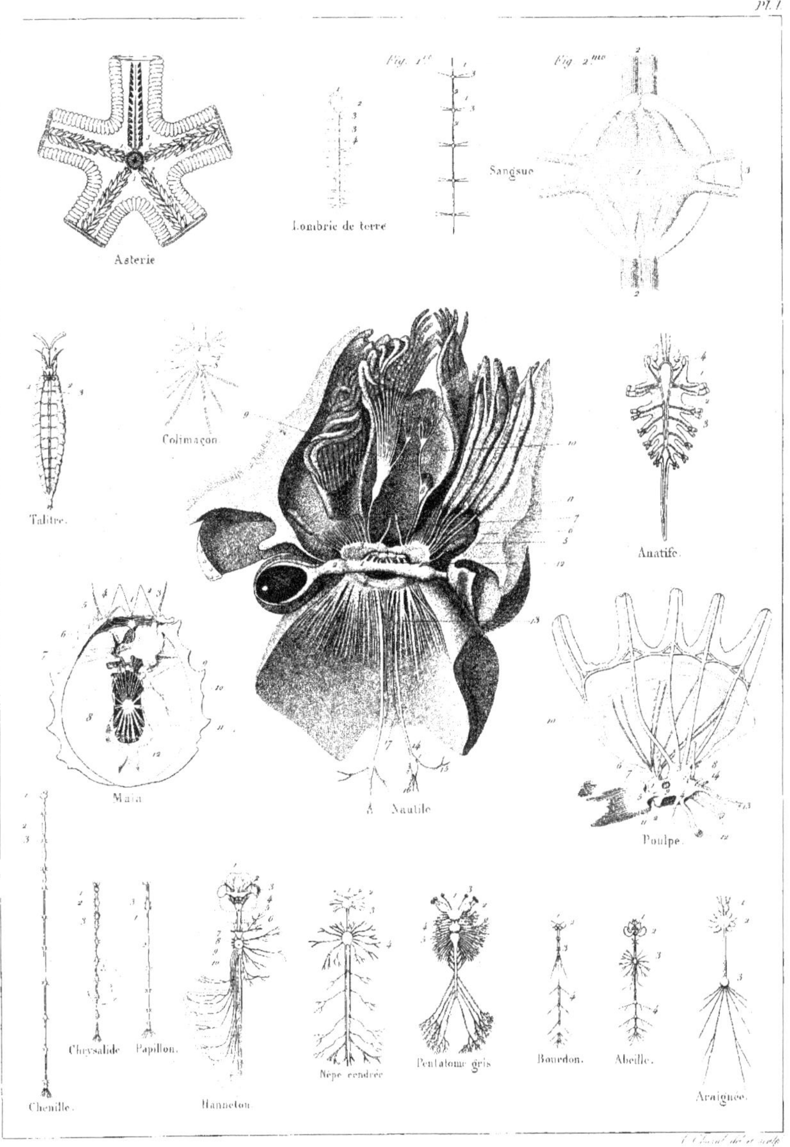

Publié par J. B. Baillière, à Paris, et à Londres.

ENCÉPHALE DES POISSONS, DES REPTILES ET DES OISEAUX.

Pl. II.

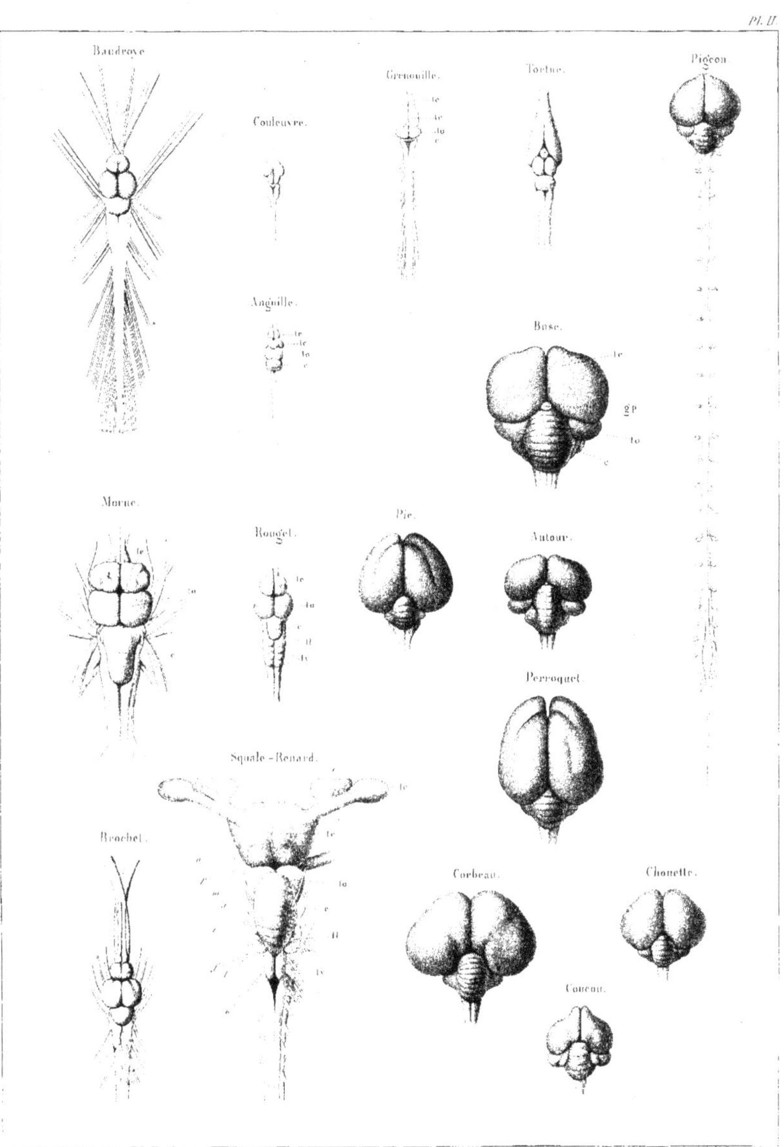

ENCÉPHALE DES MAMMIFÈRES DONT LES LOBES CÉRÉBRAUX SONT DÉPOURVUS DE CIRCONVOLUTIONS.

Pl. III.

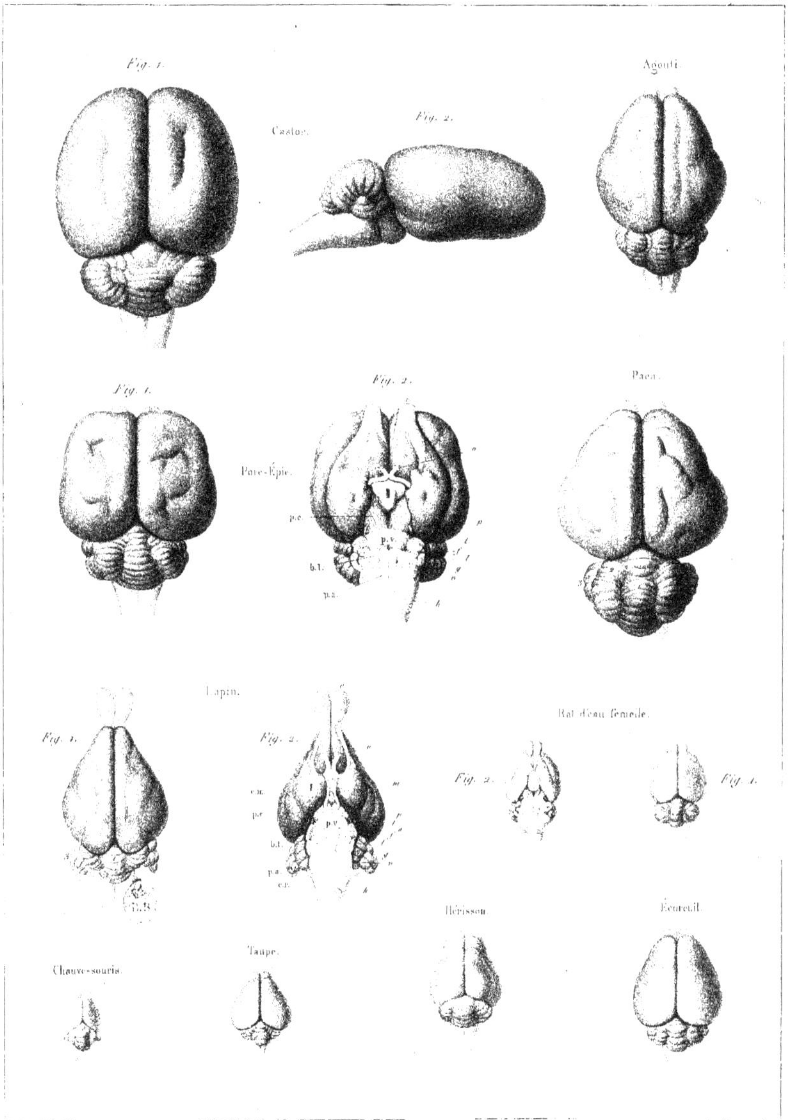
Fig. 1.
Castor.
Fig. 2.
Agouti.
Fig. 1.
Porc-Épic.
Fig. 2.
p.c.
p.v.
b.t.
p.a.
Paca.
Lapin.
Fig. 1.
Fig. 2.
p.v.
b.t.
p.a.
Rat d'eau femelle.
Fig. 2.
Fig. 1.
Hérisson.
Écureuil.
Chauve-souris.
Taupe.

Publié par J. B. Baillière, à Paris et à Londres.

Chien.

Fig. 1.

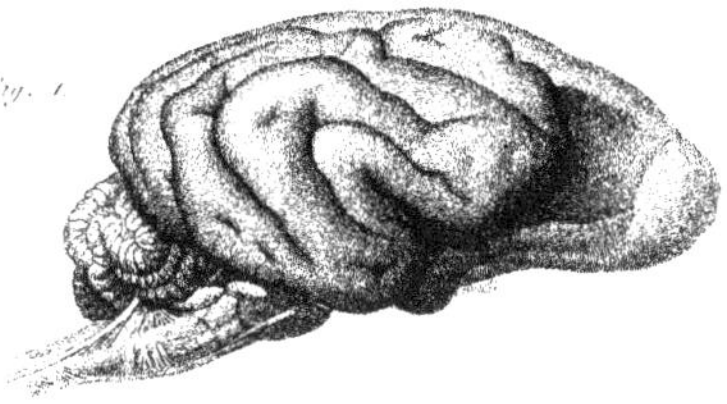

Fig. 2.

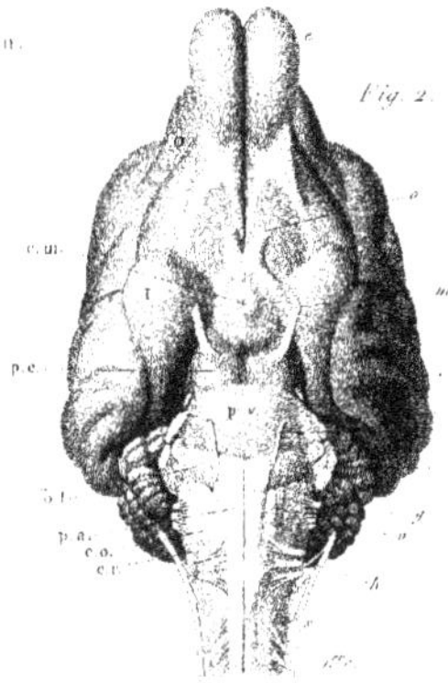

Loup.

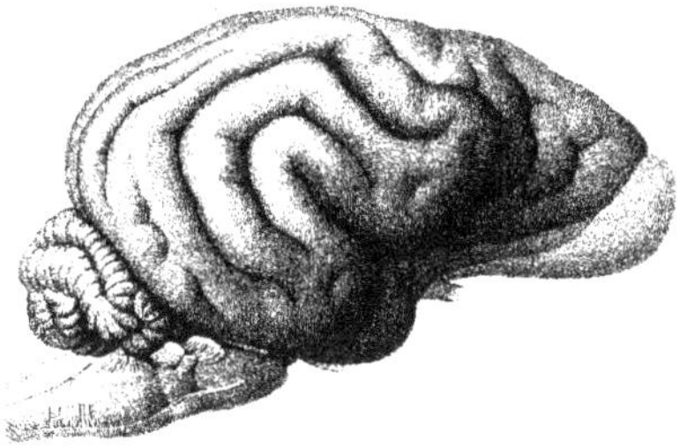

Renard.

Fig. 1.

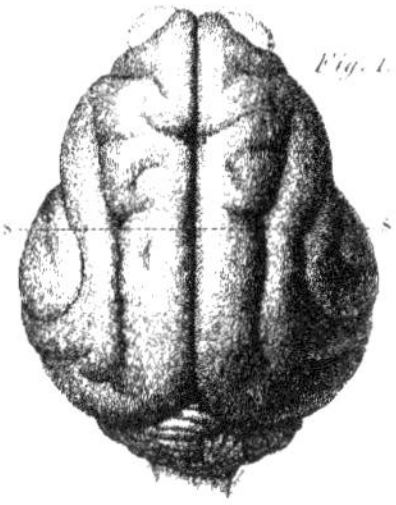

Fig. 2.

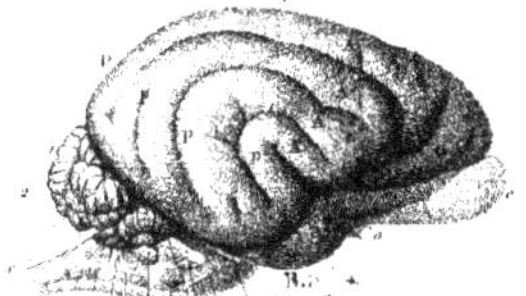

Renard

Fig. 3.

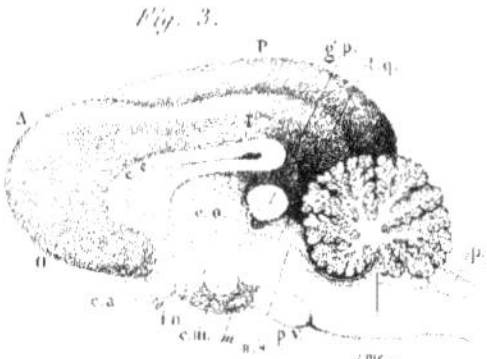

Publié par J. B. Baillière, à Paris et à Londres.

ENCÉPHALE DE LA FAMILLE DES CHATS.

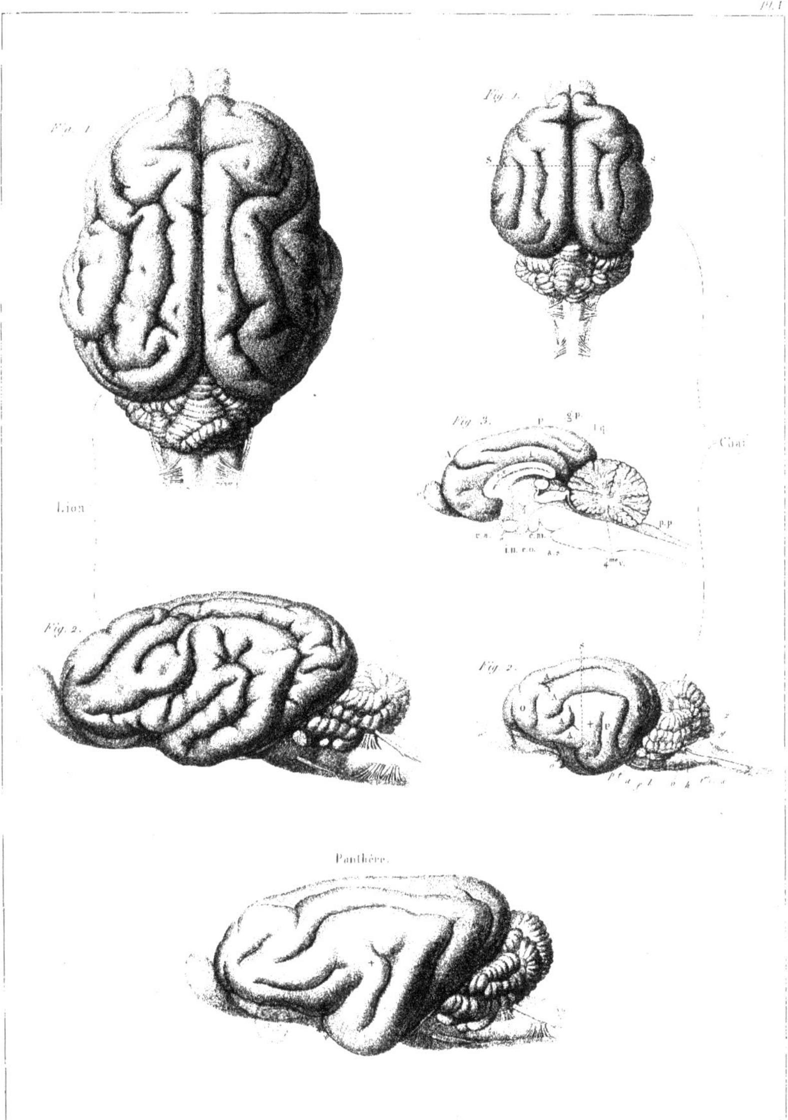

Publié par J. B. Baillière, à Paris et à Londres.

ENCÉPHALE DE LA FAMILLE DES OURS ET DES MARTES.

Pl. VI.

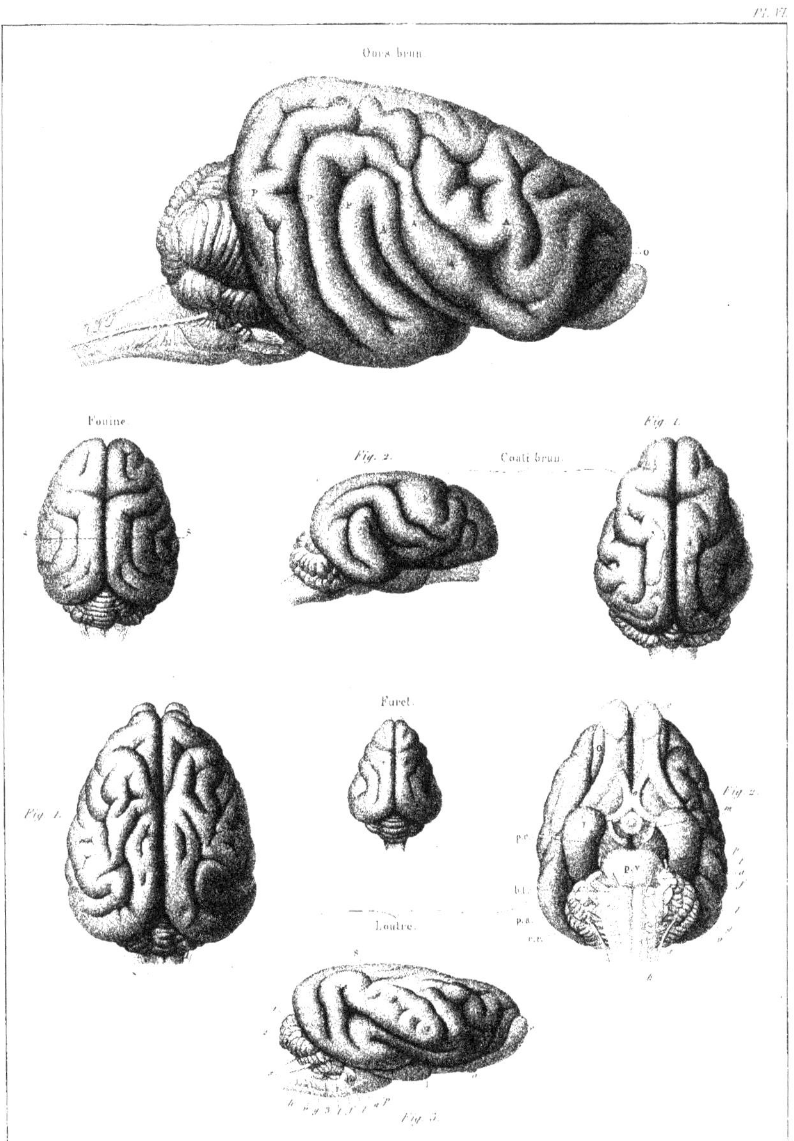

Publié par J. B. Baillière, à Paris et à Londres.

ENCÉPHALE DE LA FAMILLE DES MOUTONS, (*Comprenant les Ruminants et les Solipèdes*)

Pl. VII.

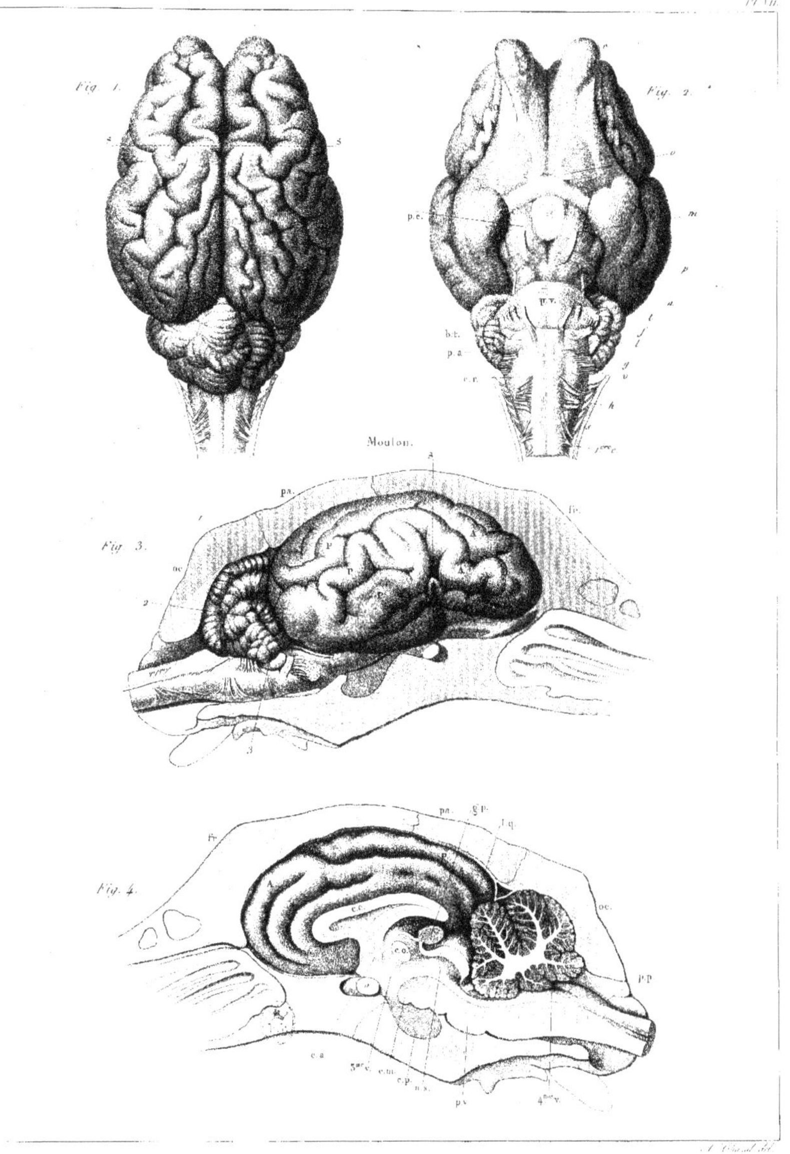

Publié par J. B. Baillière, à Paris, et à Londres.

ENCÉPHALE DE LA FAMILLE DES MOUTONS, (Comprenant les RUMINANS et les SOLIPÈDES).

Pl. VIII.

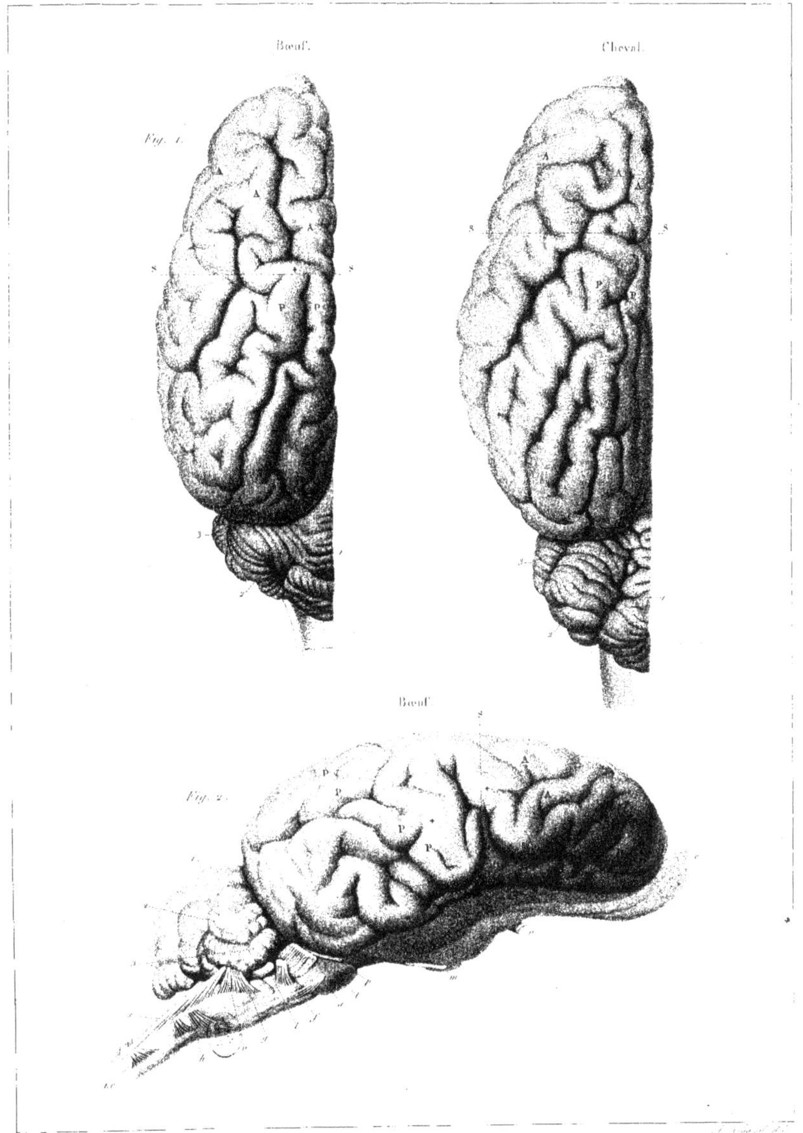

ENCÉPHALE DE LA FAMILLE DES MOUTONS, (Comprenant les RUMINANS et les SOLIPÈDES).

Pl. IX.

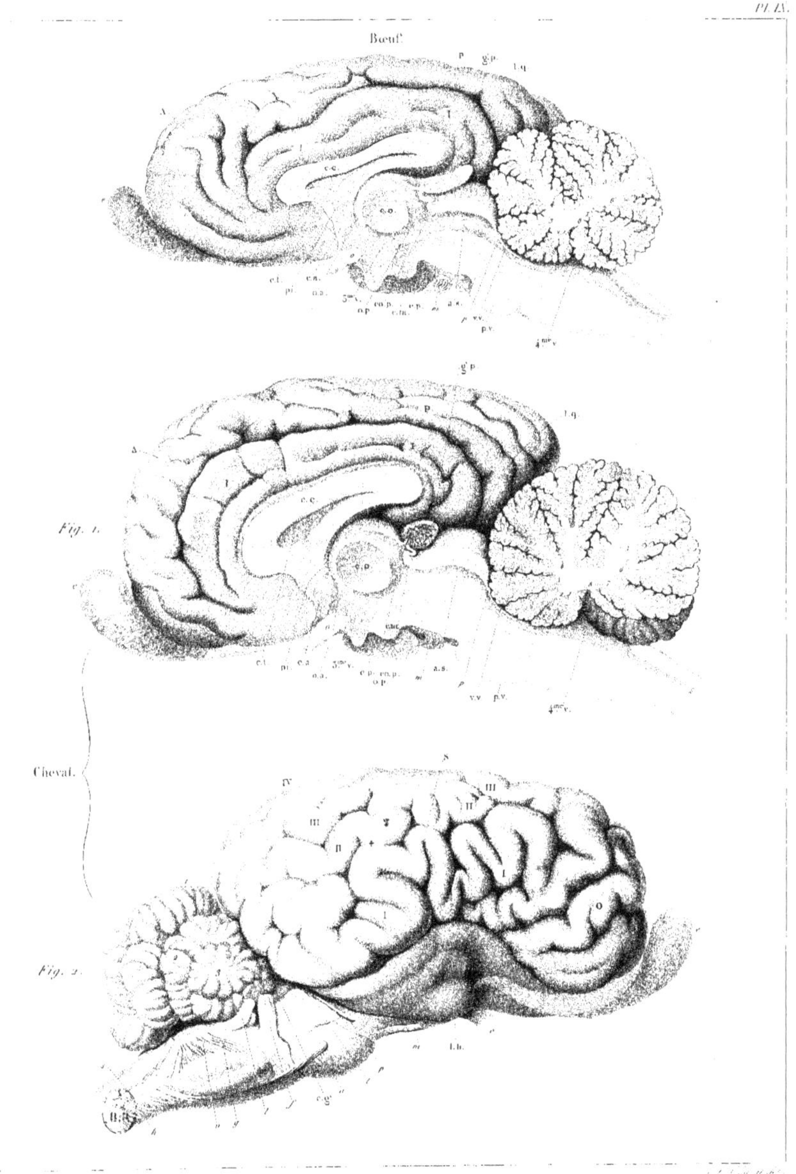

Publié par J. B. Baillière, à Paris et à Londres.

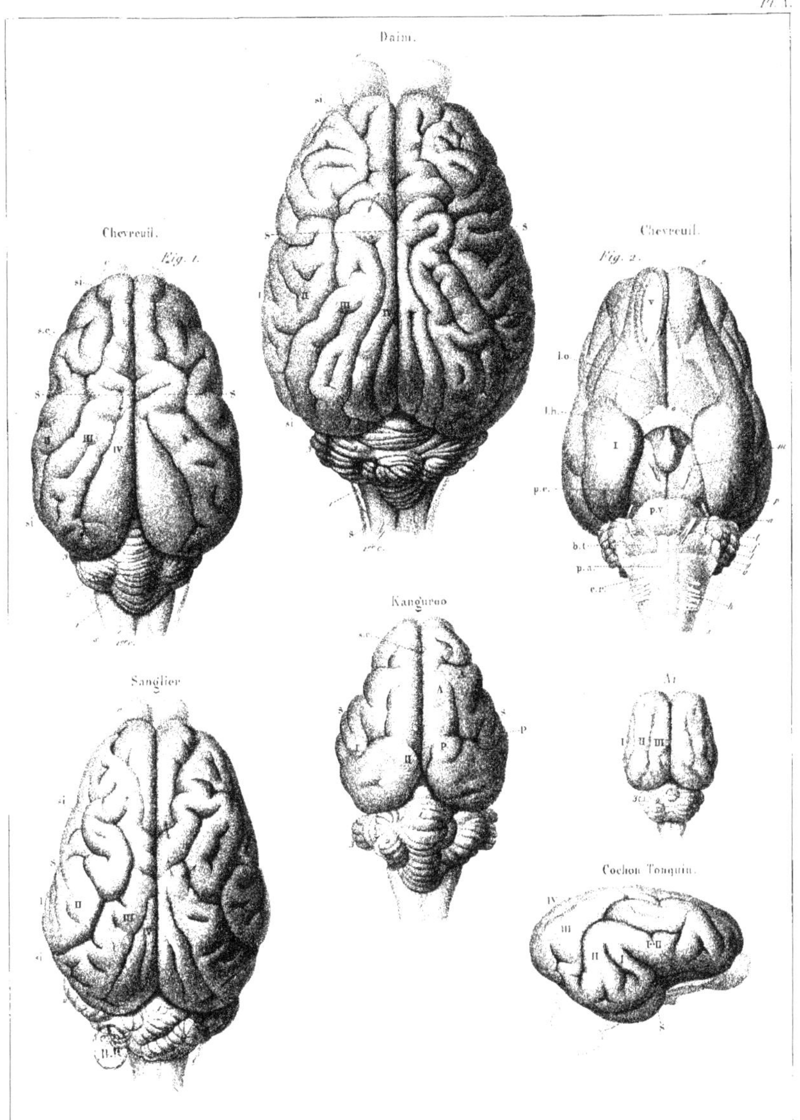

Publié par J. B. Baillière, à Paris et à Londres.

ENCÉPHALE DU PHOQUE.

Pl. XI.

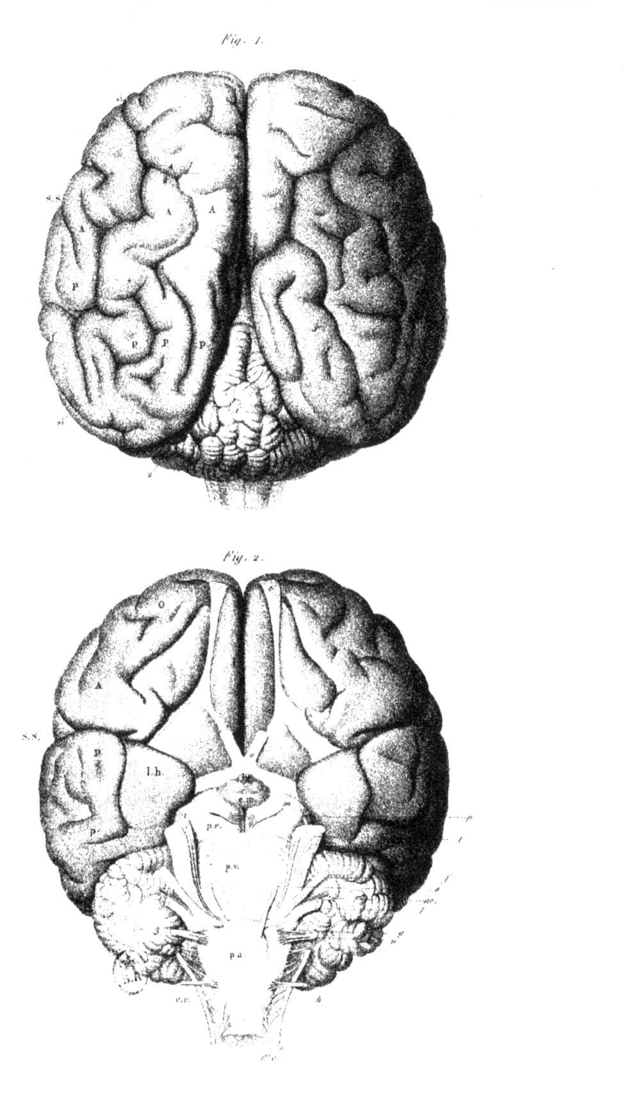

Publié par J. B. Baillière, à Paris et à Londres.

ENCÉPHALE DE LA FAMILLE DES CÉTACÉS ORDINAIRES.

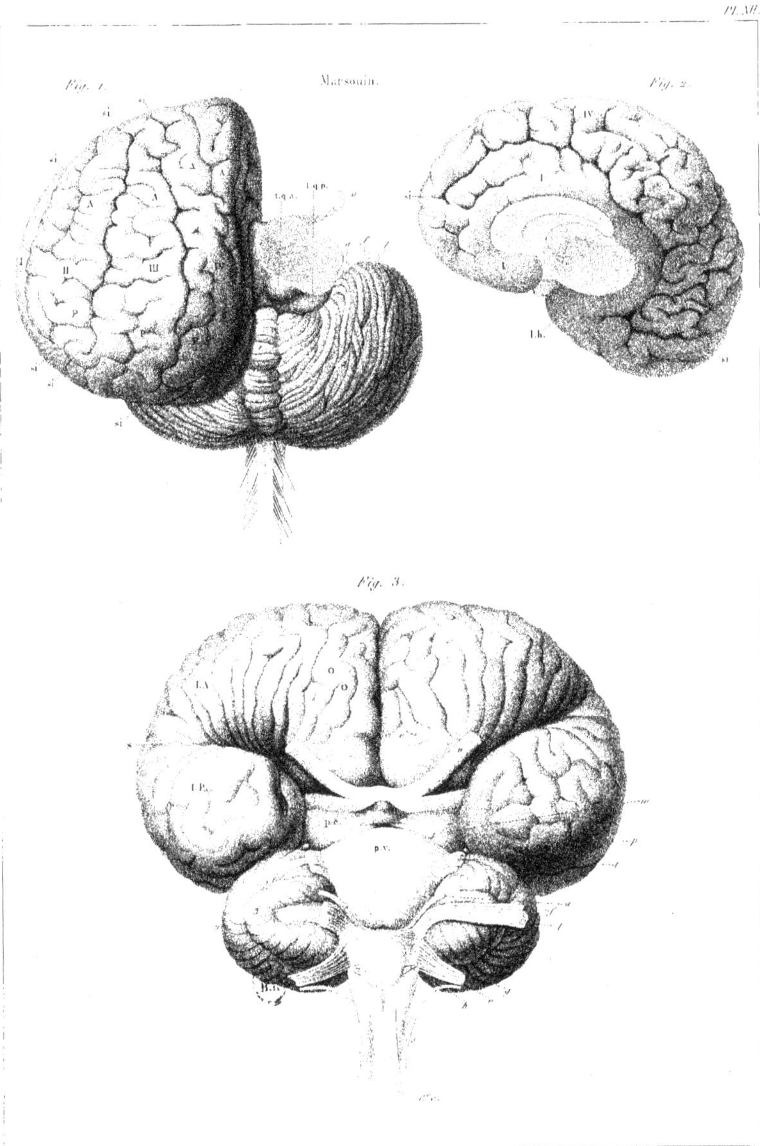

Publié par J. B. Baillière, à Paris et à Londres.

LOBE CÉRÉBRAL DE L'ÉLÉPHANT.

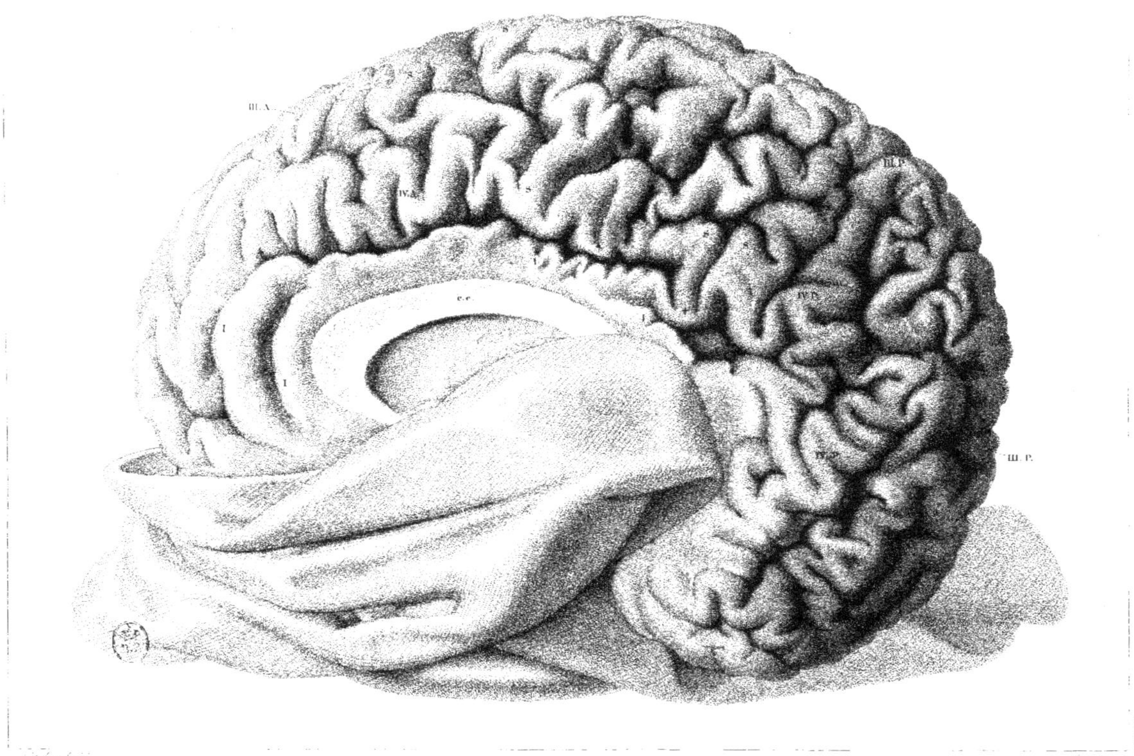

Publié par J. B. Baillière, à Paris, et à Londres.
Impʳ de Lemercier

LOBE CÉRÉBRAL DE L'ÉLÉPHANT.

Pl. XIV.

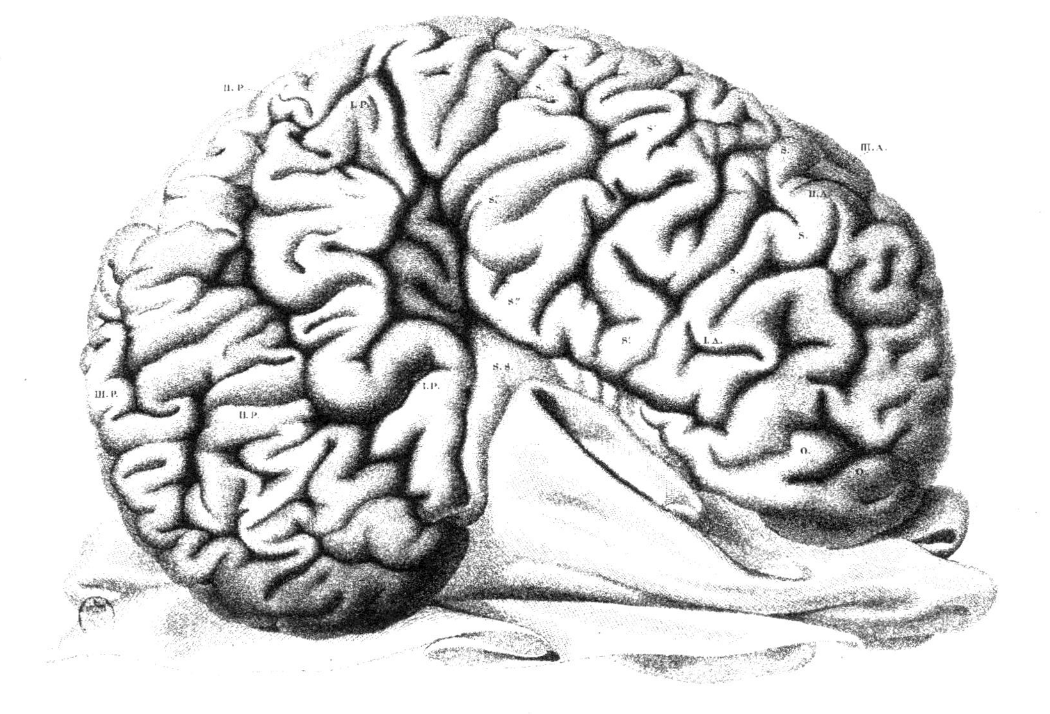

Publié par J. B. Baillière, à Paris, et à Londres.

ENCÉPHALE DU SINGE PAPION.

Pl. XV.

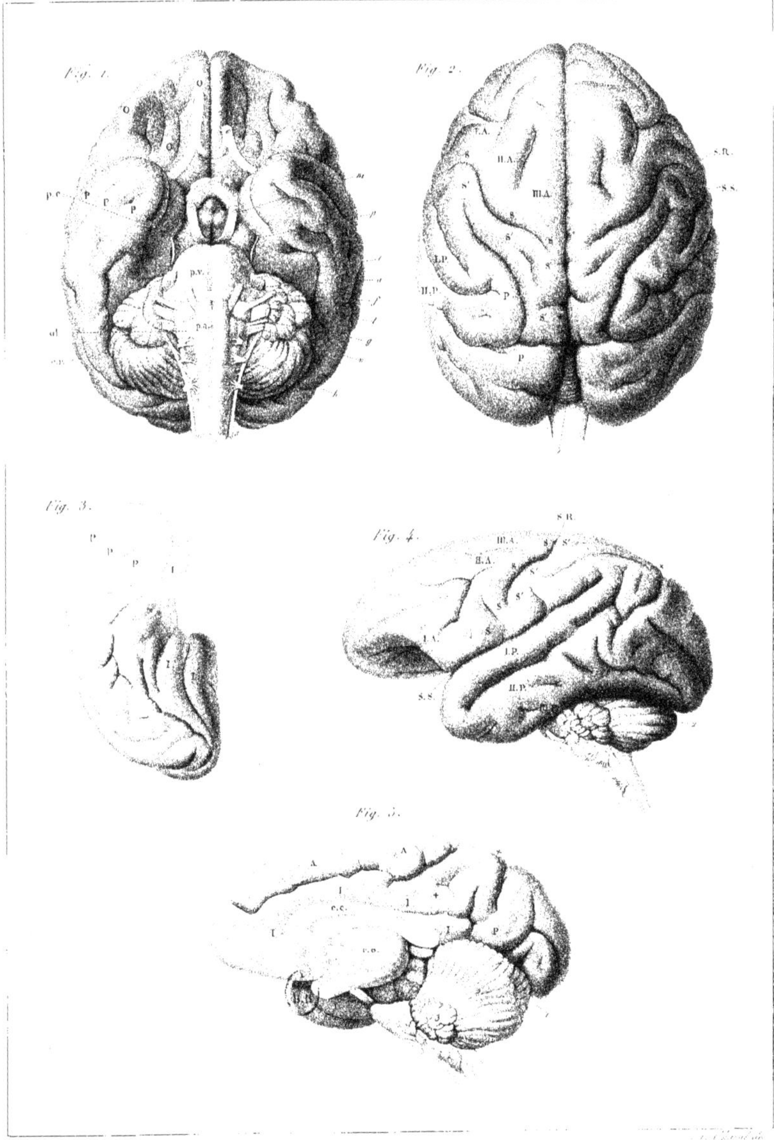

Publié par J.-B. Baillière, à Paris, et à Londres.

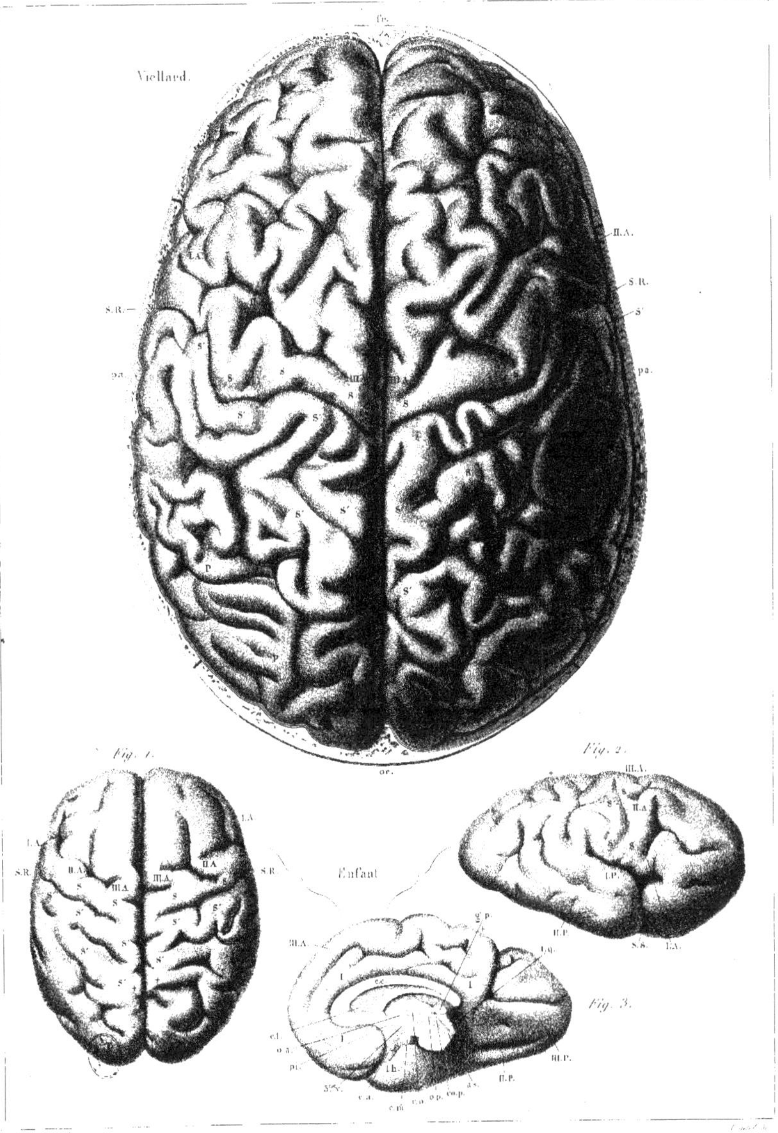

Publié par J. B. Baillière, à Paris et à Londres.

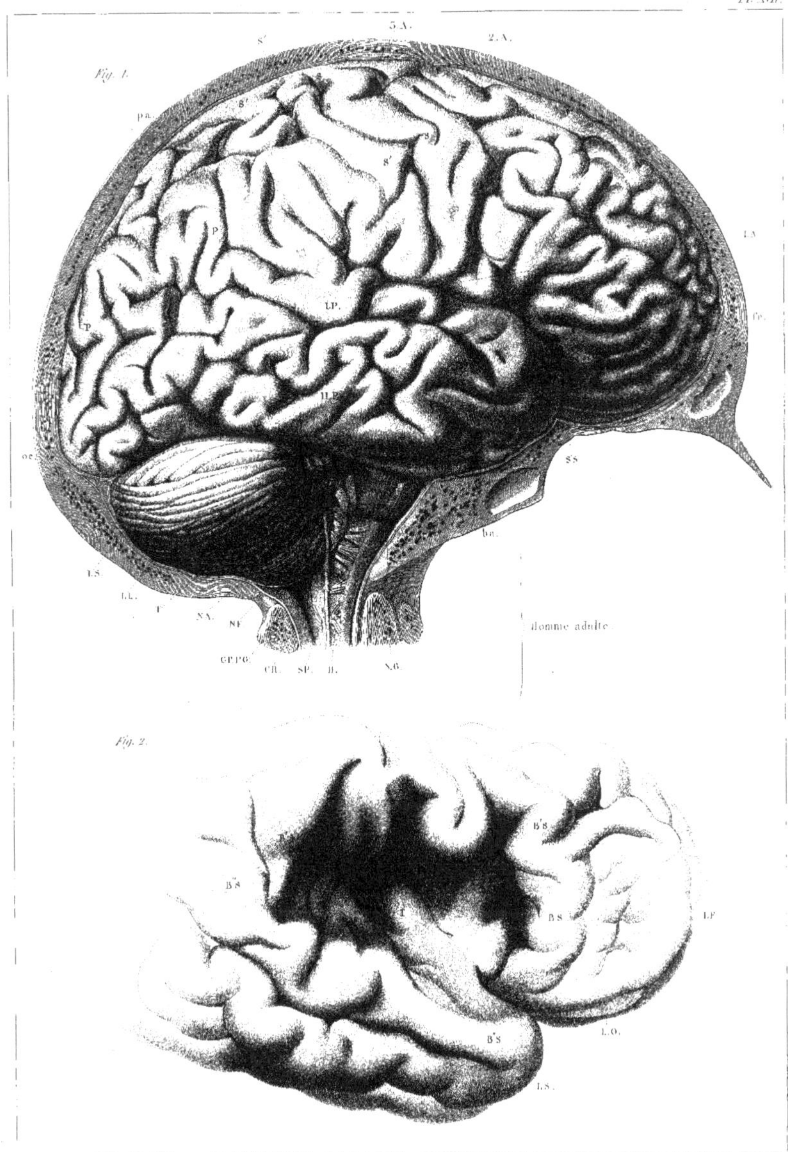

Publié par J. B. Baillière & fils, Libraires, à Paris.

ENCÉPHALE DE L'HOMME.

Pl. XVIII.

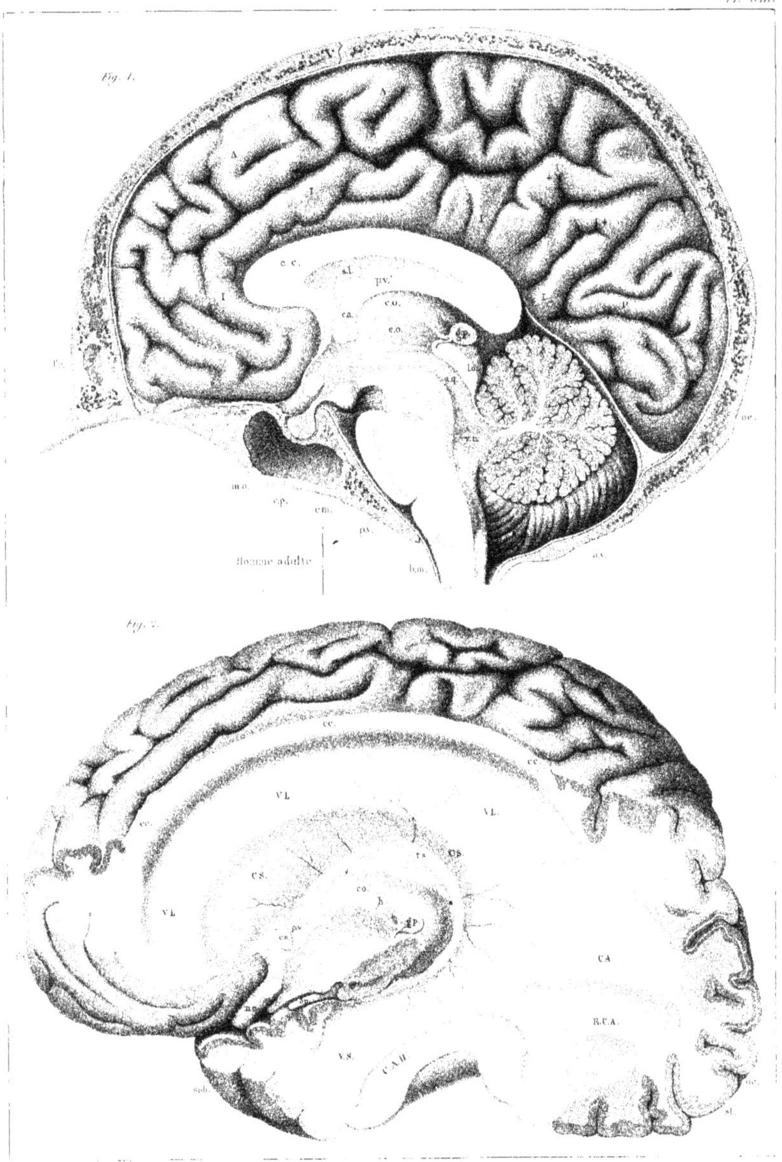

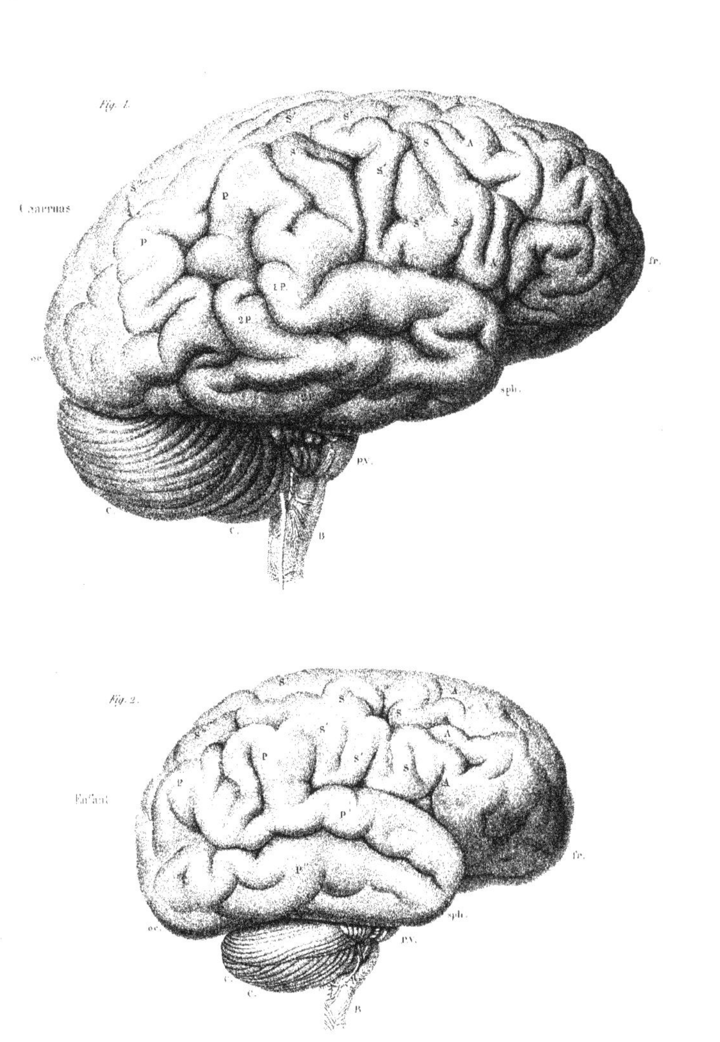

Publié par J. B. Baillière & fils, Libraires, à Paris.

Pl. XX.

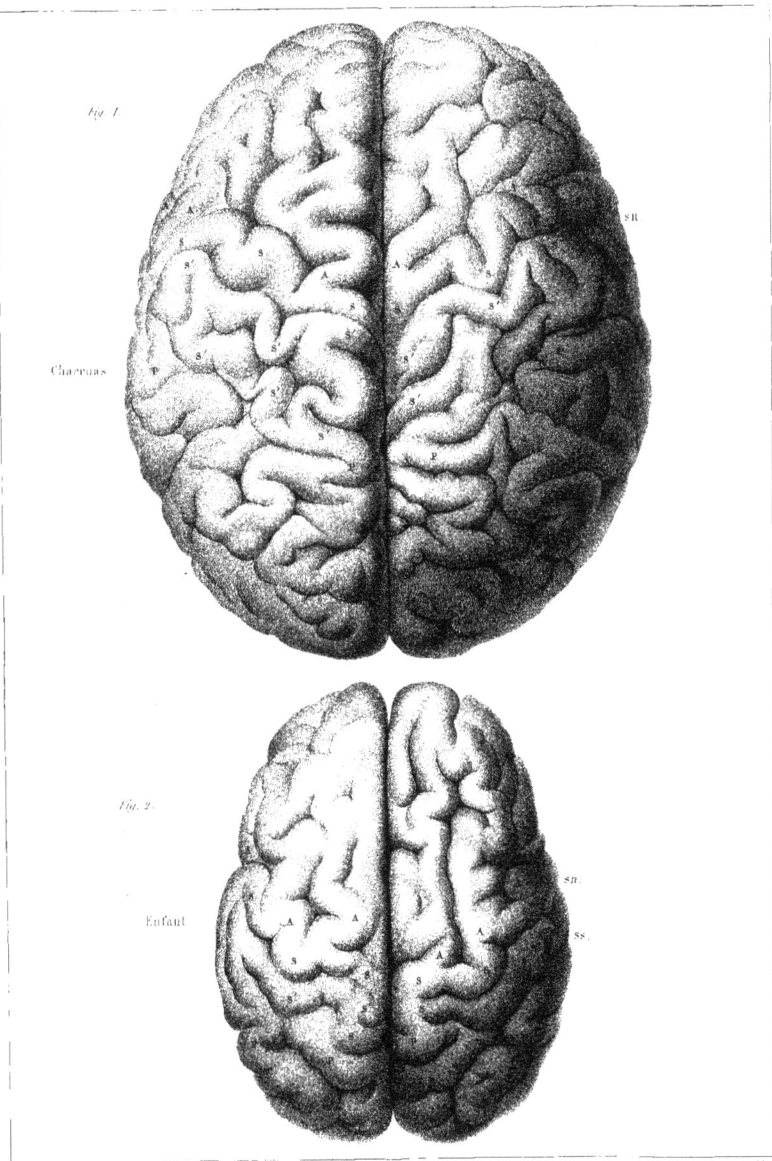

Publié par J. B. Baillière & fils libraires, à Paris.

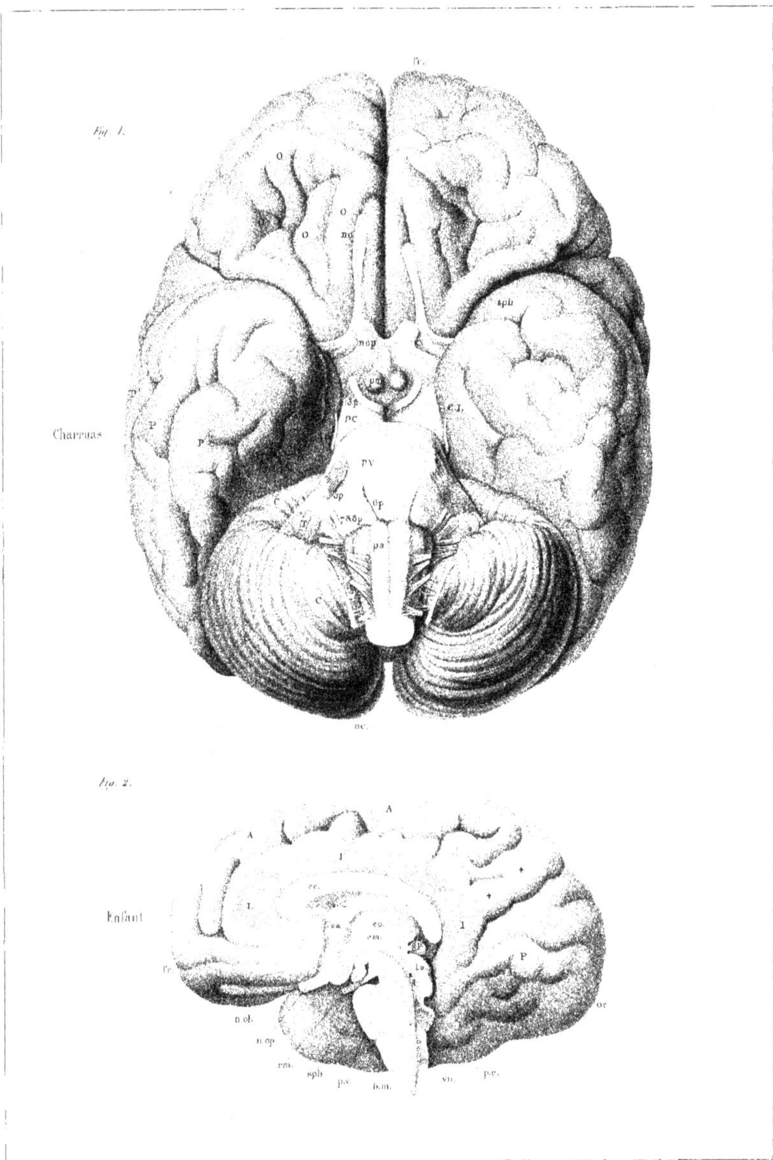

Publié par J. B. Baillière, à Paris.

Fig. 1.

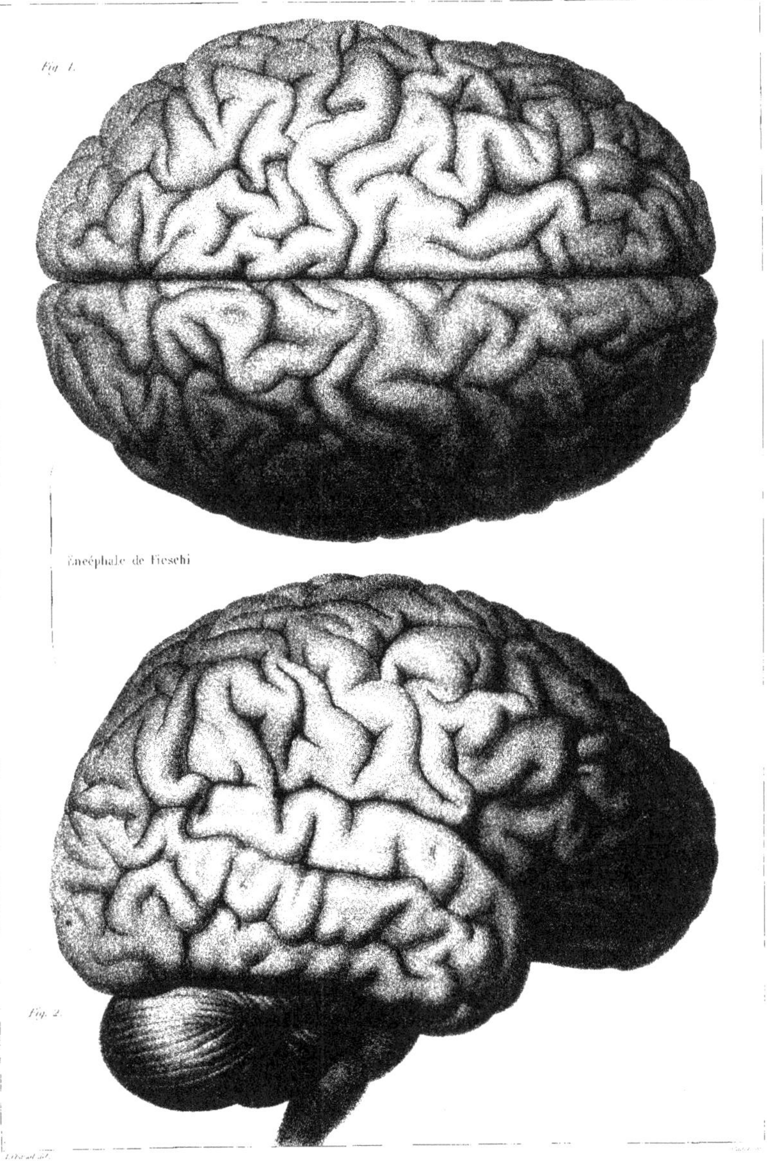

Encéphale de Fieschi

Fig. 2.

Publié par J. B. Baillière & fils, Libraires à Paris

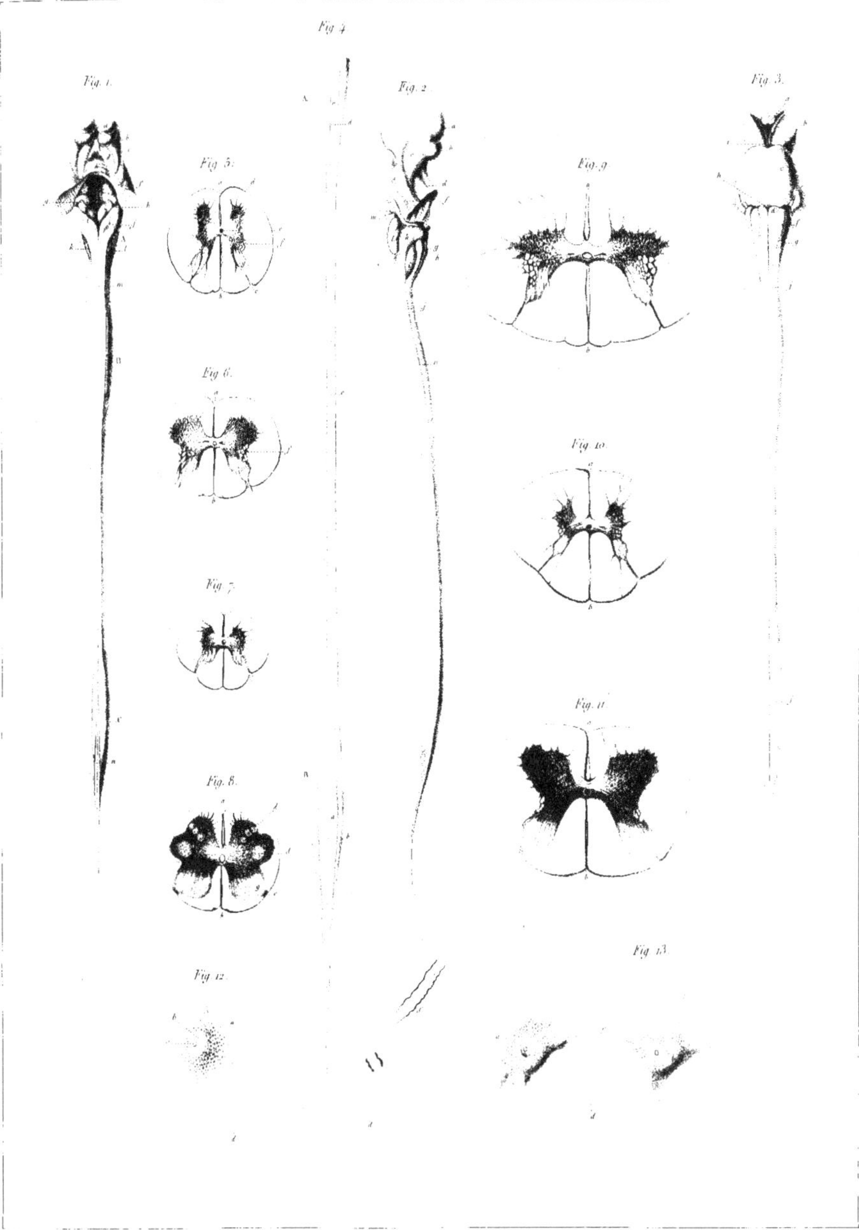

Publié par J. B. Baillière et fils, Libraires, à Paris.

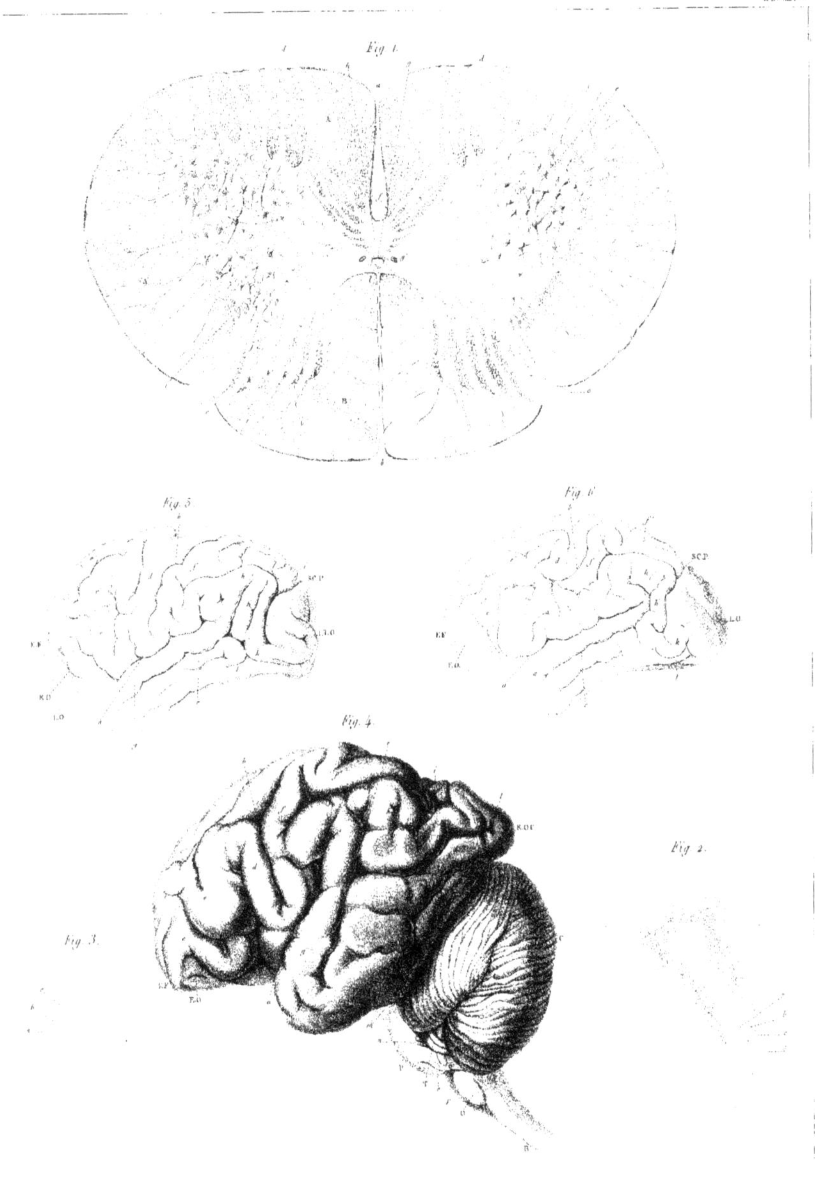
Fig. 1.
Fig. 5.
Fig. 6.
Fig. 4.
Fig. 2.
Fig. 3.

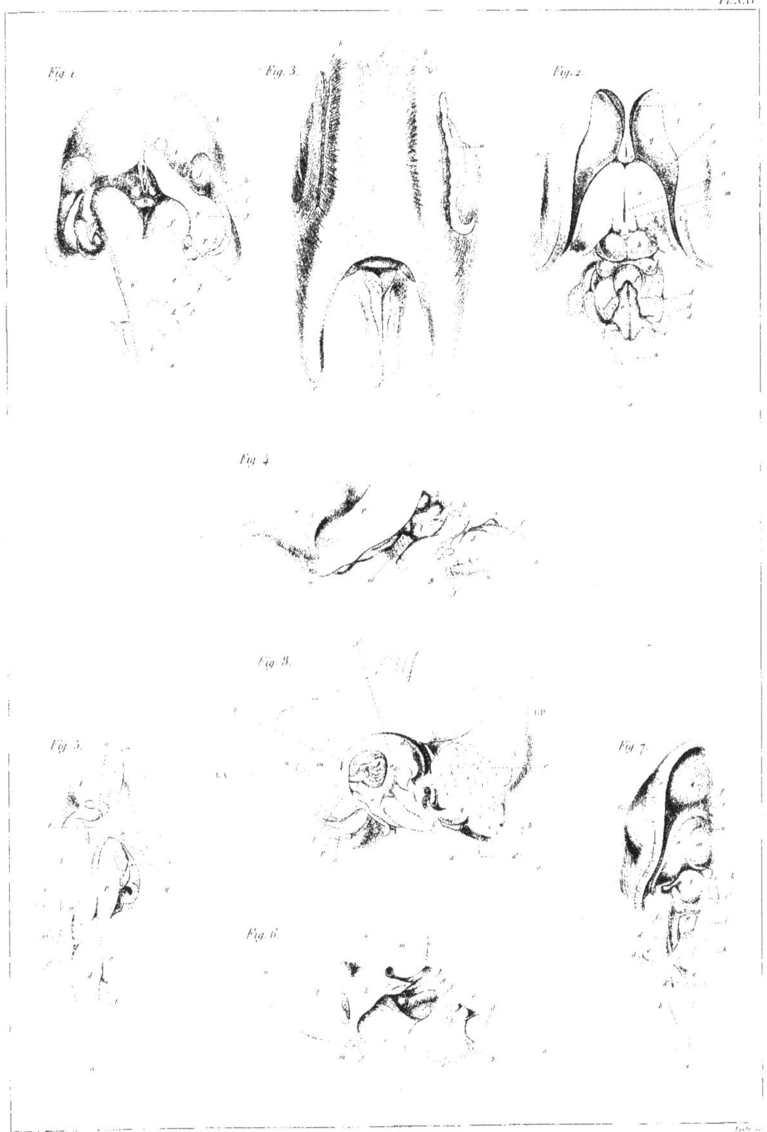

H. Fermond ad nat. del.

Publié par J. B. Baillière & fils, Libraires à Paris.

STRUCTURE DU CERVEAU DU PAPION.

Pl. XXVI.

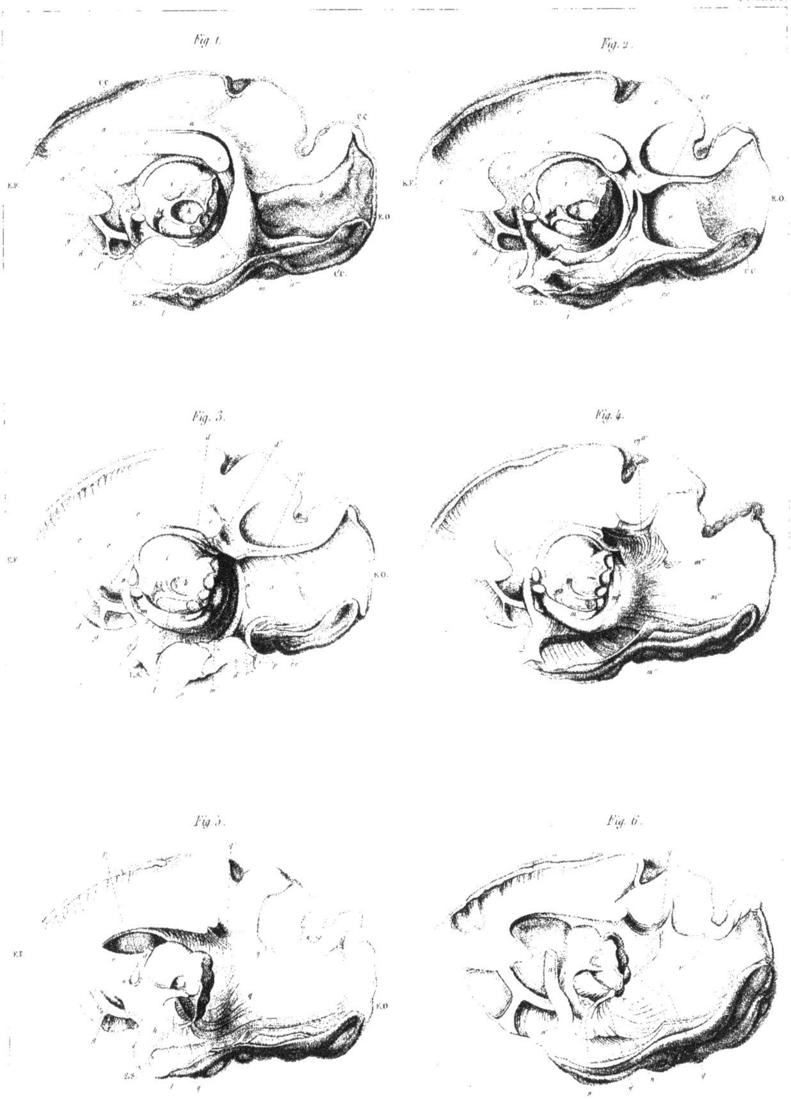

H. Formant del.

Publié par J. B. Baillière & fils, Libraires à Paris.

STRUCTURE DU CERVEAU DU PAPION.

Pl. XXVII.

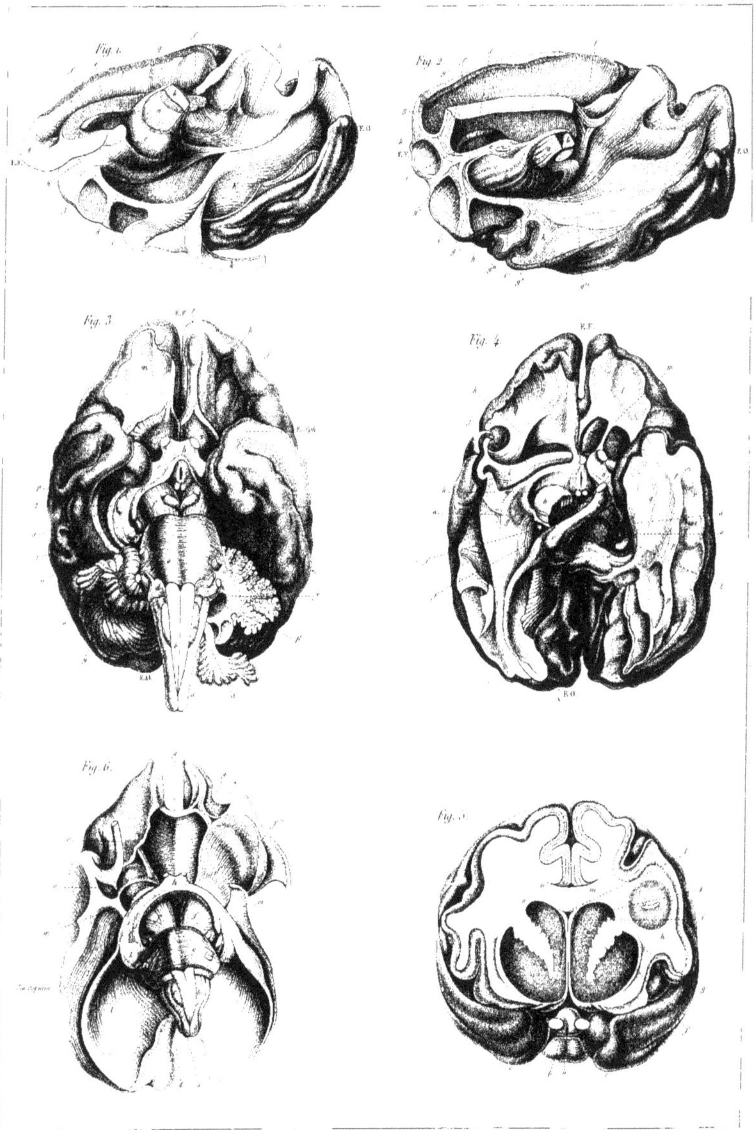

Publié par J. B. Baillière & fils, Libraires, à Paris.

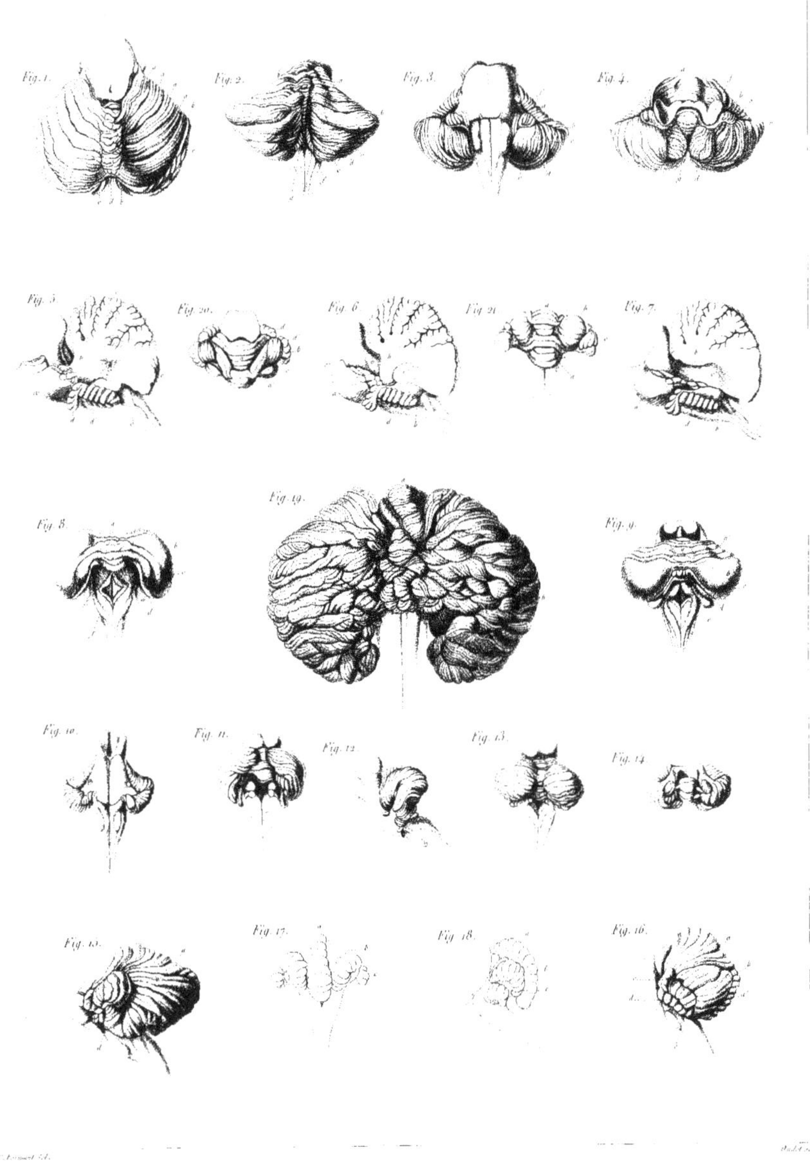

Publié par J. B. Baillière, Libraire à Paris.

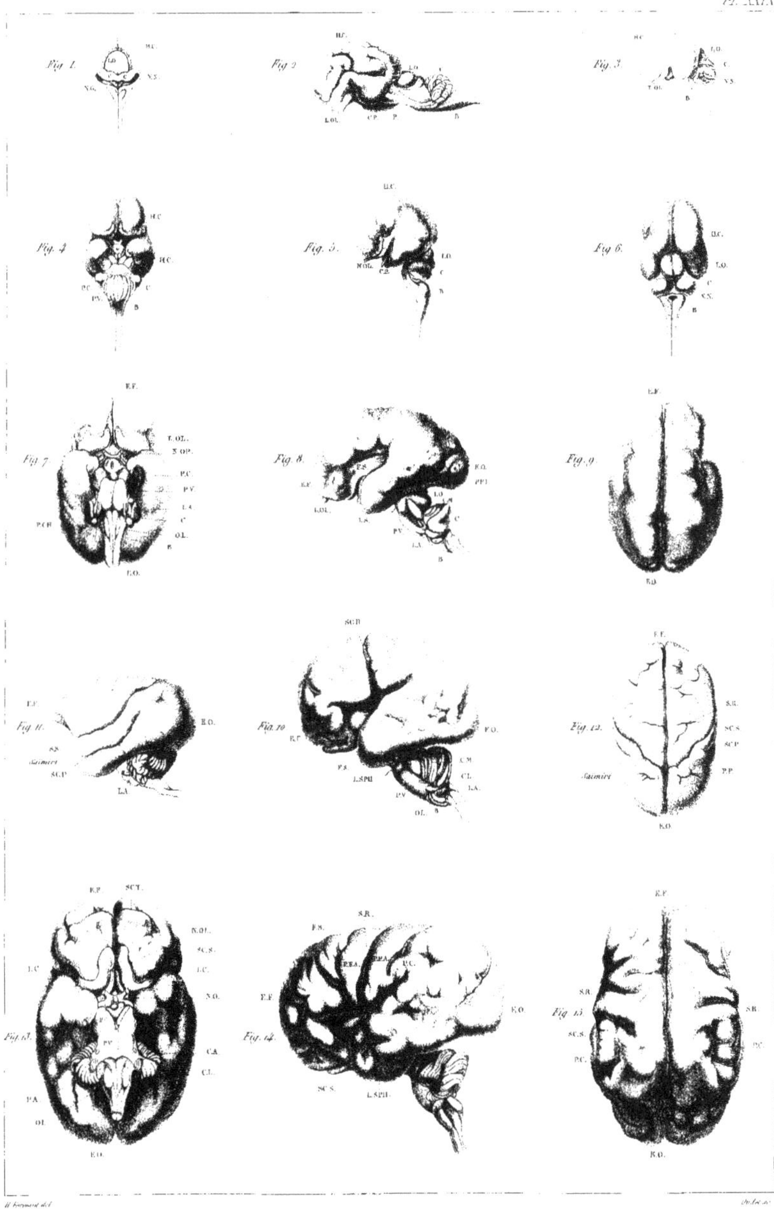

Publié par J. B. Baillière et fils, Libraires à Paris.

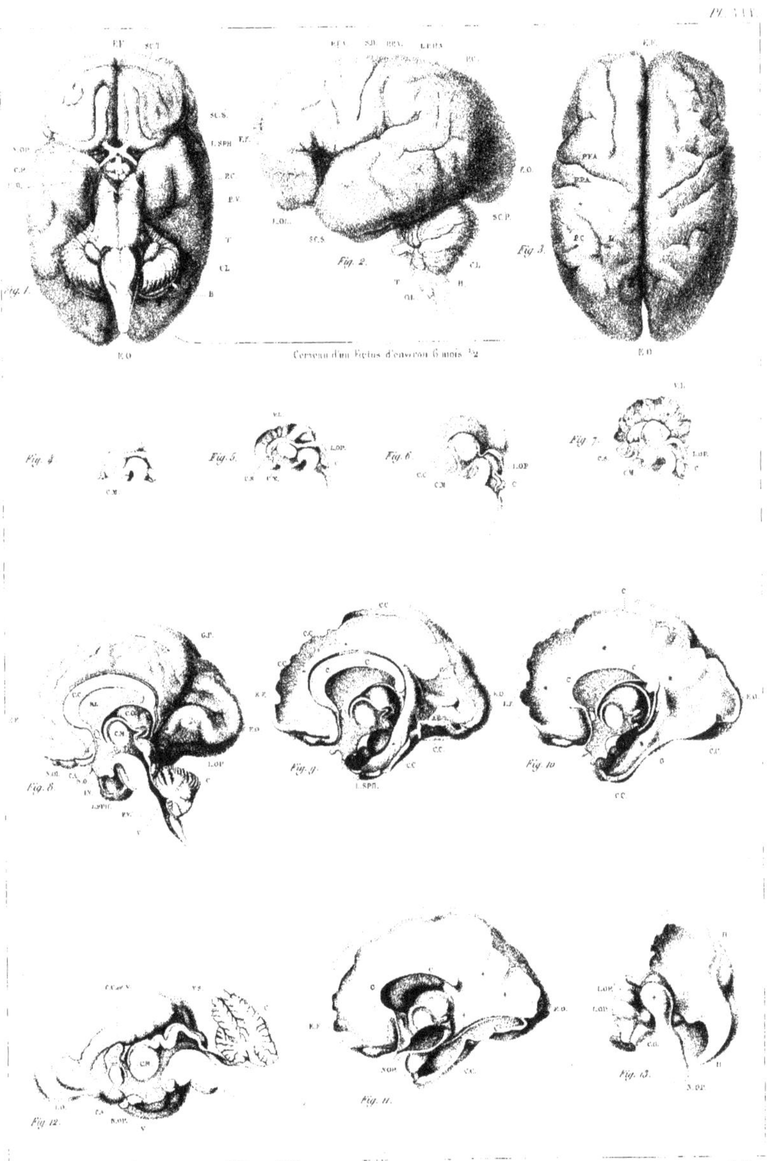

Cerveau d'un Fœtus d'environ 6 mois ½

Publié par J. B. Baillière et fils, Libraires à Paris.

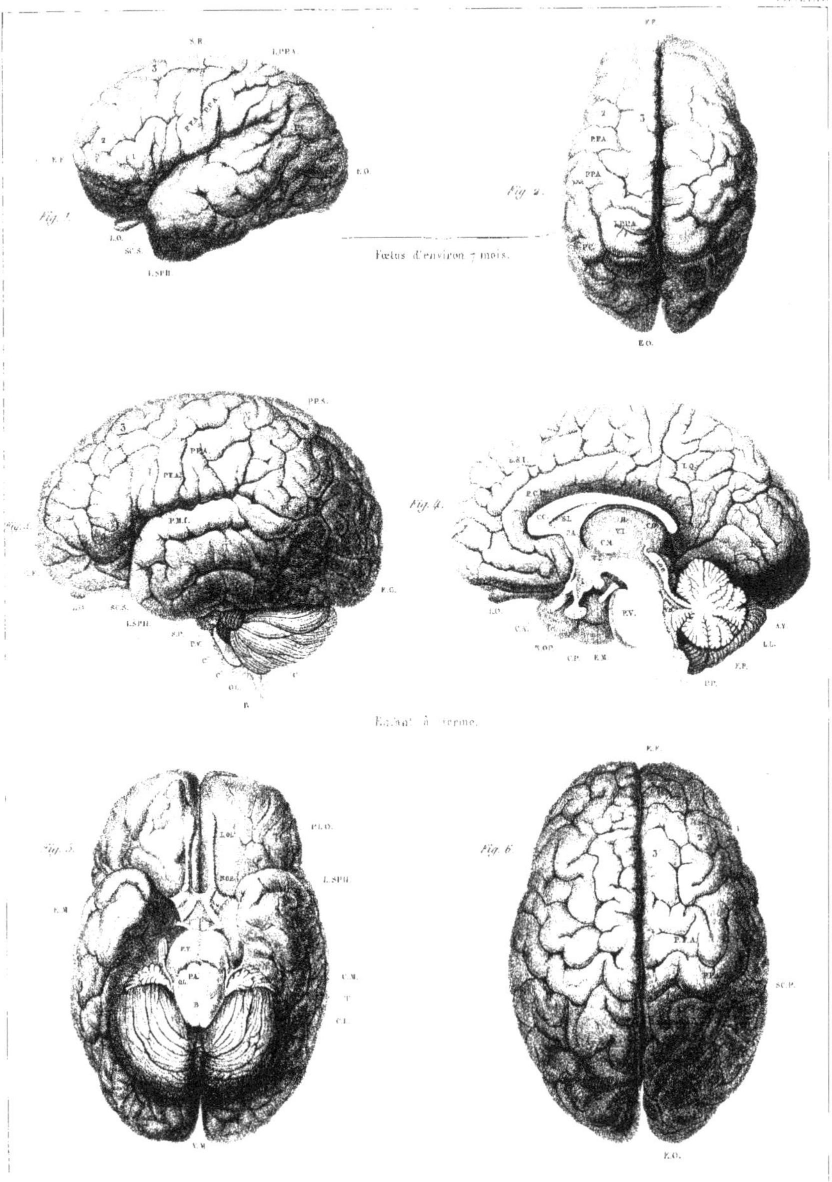
Fig. 1.
Fig. 2.
Fœtus d'environ 7 mois.
Fig. 4.
Enfant à terme.
Fig. 5.
Fig. 6.

CERVEAU D'UN MICROCÉPHALE HUMAIN.

Pl. XXXII.

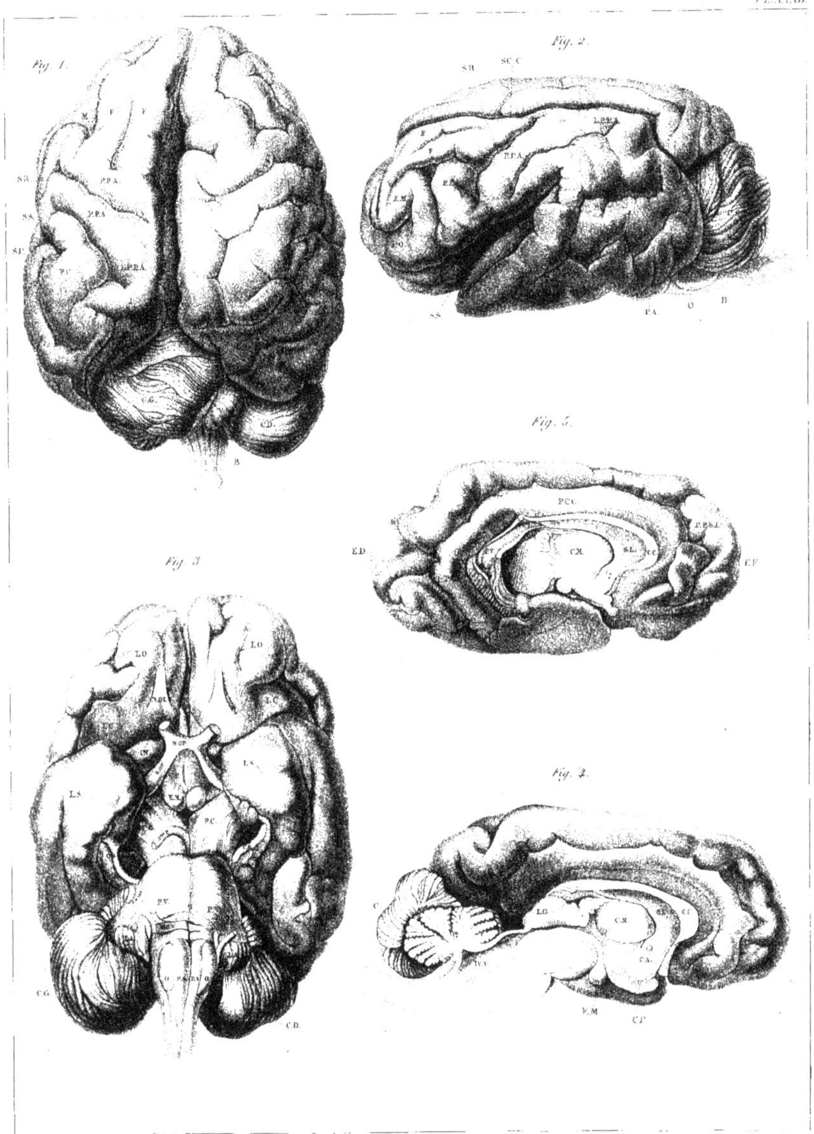

H. Formant del.

Publié par J. B. Baillière et fils, Libraires, à Paris.

www.ingramcontent.com/pod-product-compliance
Ingram Content Group UK Ltd.
Pitfield, Milton Keynes, MK11 3LW, UK
UKHW021058260726
13994UKWH00002B/582